松下 DC-S5M2
摄影与视频拍摄技巧大全

雷波◎编著

化学工业出版社

·北京·

内 容 简 介

本书讲解了松下 DC-S5M2 相机的各项实用功能、曝光技巧及在各类题材中的实拍技巧等，通过先学习相机结构、菜单功能，再接着学习曝光功能、器材等方面的知识，最后学习生活中常见的题材拍摄技巧，让读者快速掌握松下DC-S5M2 中的各项功能。

随着短视频和直播平台的发展，越来越多的朋友开始使用相机录视频、做直播，因此，本书专门通过数章内容来讲解了拍摄短视频需要的器材、需要掌握的参数功能、镜头运用方式以及松下 DC-S5M2 相机拍摄视频的基本操作与菜单设置，让读者紧跟潮流玩转新媒体。

相信通过本书的学习，读者可以全面掌握松下 DC-S5M2 相机拍摄功能，既能拍美图成为朋友圈靓丽的风景线，又能拍好短视频一举抓住视频创业风口。

本书附赠一本人像摆姿摄影电子书（PDF），一本花卉摄影欣赏电子书（PDF），一本鸟类摄影欣赏电子书（PDF），以及一本摄影常见题材拍摄技法及佳片赏析电子书（PDF）。

图书在版编目（CIP）数据

松下DC-S5M2摄影与视频拍摄技巧大全 / 雷波编著. —北京：化学工业出版社，2024.5
ISBN 978-7-122-45149-1

Ⅰ.①松… Ⅱ.①雷… Ⅲ.①数字照相机—单镜头反光照相机—摄影技术 Ⅳ.①TB86②J41

中国国家版本馆CIP数据核字（2024）第048421号

责任编辑：王婷婷 孙 炜　　　　　　　　　封面设计：异一设计
责任校对：宋 玮　　　　　　　　　　　　　装帧设计：盟诺文化

出版发行：化学工业出版社（北京市东城区青年湖南街13号　邮政编码100011）
印　　装：北京瑞禾彩色印刷有限公司
710mm×1000mm　1/16　印张12¾　字数264千字　2024年5月北京第1版第1次印刷

购书咨询：010-64518888　　　　　　　　　　售后服务：010-64518899
网　　址：http://www.cip.com.cn
凡购买本书，如有缺损质量问题，本社销售中心负责调换。

定　　价：98.00元　　　　　　　　　　　　　版权所有　违者必究

前　言

本书是一本全面解析松下 DC-S5M2 相机强大功能、实拍设置技巧及各类拍摄题材实战技法的实用类书籍，将官方手册中没讲清楚或没讲到的内容，以及抽象的功能描述，通过实拍测试及精美照片示例，具体、形象地展现了出来。

在相机功能及拍摄参数设置方面，本书不仅针对松下 DC-S5M2 相机的结构、菜单功能，以及光圈速度、快门、白平衡、感光度、曝光补偿、测光、对焦、拍摄模式等设置技巧进行了详细讲解，更附有详细的菜单操作图示，即使是没有任何摄影基础的初学者，也能够根据这样的图示玩转相机的菜单及功能设置。

在镜头与附件方面，本书针对数款适合该相机配套使用的高素质镜头进行了详细点评，同时对常用附件的功能和使用技巧进行了深入解析，以便各位读者有选择地购买相关镜头或附件，与松下 DC-S5M2 相机配合使用，从而拍摄出更漂亮的照片。

在摄影实战技术方面，本书通过大量精美的实拍照片，深入剖析了使用松下 DC-S5M2 相机拍摄人像、风光等常见题材的技巧，以便读者快速提高摄影水平。（此部分内容在本书附赠的电子书中）

考虑到许多相机爱好者的购买初衷是拍摄视频，因此本书特别讲解了使用松下 DC-S5M2 相机拍摄视频时应该掌握的各类知识。除了详细讲解了拍摄视频时的相机设置与重要菜单功能，还讲解了与拍摄视频相关的镜头语言、硬件准备等知识。

经验与解决方案是本书的亮点之一，笔者通过实战总结出了关于松下 DC-S5M2 相机的使用经验及技巧，这些经验和技巧一定能够帮助各位读者少走弯路，让读者感觉身边时刻有"高手点拨"。

本书还汇总了摄影爱好者初上手使用松下 DC-S5M2 相机时可能会遇到的一些问题、出现的原因及解决方法，相信能够帮助许多爱好者解决这些问题。

特别说明：本书中将松下型号为 DC-S5 Ⅱ 的相机写为松下 DC-S5M2 相机，它们是同一款相机。本书虽然是针对松下 DC-S5M2 相机讲解，但对于松下 DC-S5M2X 相机同样具有学习意义，因为这两款相机的区别不大。

为了拓展本书内容，本书将赠送笔者原创正版的四本摄影电子书（PDF），包括一本人像摆姿摄影电子书，一本花卉摄影欣赏电子书，一本鸟类摄影欣赏电子书，以及一本摄影常见题材拍摄技法及佳片赏析电子书。

为了帮助大家快速掌握相机的使用，本书将附赠 20 节相机讲解视频课程，获得方法为关注"好机友摄影视频拍摄与 AIGC"公众号，在公众号界面回复本书第 43 页的最后一个字即可。

为了方便交流与沟通，欢迎读者朋友添加我们的客服微信 hjysysp，与我们在线交流，也可以加入摄影交流 QQ 群（528056413），与众多喜爱摄影的小伙伴交流。

如果希望每日接收新鲜、实用的摄影技巧，可以关注我们的微信公众号"好机友摄影视频拍摄与 AIGC"；或在今日头条搜索"好机友摄影""北极光摄影"，在百度 App 中搜索"好机友摄影课堂""北极光摄影"，以关注我们的头条号、百家号；在抖音搜索"好机友摄影""北极光摄影"，关注我们的抖音号。

编　者
2024 年 1 月

目　录
CONTENTS

第3章 必须掌握的曝光、对焦操作方法及菜单选项

第4章 灵活运用曝光模式拍出好照片

第5章 拍出佳片必须掌握的高级曝光技巧

第6章 认识镜头分类及松下微单镜头推荐

第7章 滤镜及脚架等附件的使用技巧

第8章 拍视频要理解的术语及必备附件

第9章 拍视频必学的镜头语言与分镜头脚本撰写方法

第10章 录制常规、延时及慢动作视频的参数设置方法

第 11 章 口播、美食、Vlog 等 常见视频类型实战拍摄方法

第 1 章

玩转松下 DC-S5M2
相机从机身开始

松下DC-S5M2
正面结构

❶ 前拨盘
拨动此拨盘可以选择项目或数值

❷ 快门按钮
半按快门可以开启相机的自动对焦及测光系统，完全按下时将完成拍摄。当相机处于省电状态时，轻按快门可以恢复工作状态

❸ 预览按钮/Fn按钮
按下预览按钮，镜头光圈将缩小到当前光圈值，此时可以通过取景器观察画面效果；此按钮还是自定义按钮，可以通过"Fn 按钮设置"菜单为其指定功能

❹ 风扇入口
制冷风扇的风扇入口，通过"风扇模式"菜单可以指定风扇的运行模式

❺ 触点
用于在相机与镜头之间传递信息，将镜头拆下后，请务必装上机身盖，以免刮伤电子触点

❻ 自拍定时器灯/AF辅助灯
当设置自拍模式拍摄照片或视频时，此灯会连续闪光进行提示；在弱光环境下拍摄，半按快门按钮时，此灯会持续发出自动对焦辅助光，以辅助自动对焦

❼ 手柄（电池仓）
在拍摄时，右手要持握在此处。手柄遵循人体工程学的设计，持握非常舒适，内部则是安装相机的电池

❽ 镜头释放按钮
用于拆卸镜头，按下此按钮并旋转镜头的镜筒，可以把镜头从机身上取下来

❾ 镜头安装标志
将镜头上的红色标志与机身上的红色标志对齐，旋转镜头即可完成安装

❿ 传感器
快门帘幕在开机状态下处于开启状态，会露出图像传感器以便实时显示图像到屏幕上。当关闭相机时，快门帘幕会降下。当按下快门拍摄时，快门帘幕也会降下以便完成曝光拍摄。

⓫ 镜头卡口
用于安装镜头，并与镜头之间传递距离、光圈、焦距等信息

松下DC-S5M2
顶面结构

❶ 驱动模式拨盘

用于选择驱动模式，转动此拨盘，使相应的驱动模式图标对齐白色标志线

❷ 热靴

用于外接闪光灯，热靴上的触点正好与外接闪光灯上的触点相合；也可以外接无线同步器，在有影室灯的情况下起引闪的作用

❸ 模式拨盘

用于在各种拍摄模式之间切换，使用时要旋转拨盘使白线对准至各个模式标志字母

❹ 充电指示灯/网络连接灯

在为相机充电时，此灯的不同显示状态代表不同的充电情况，点亮表示在充电中，熄灭表示充电完成，闪烁表现充电错误；在进行 Wi-Fi 或蓝牙连接时，点亮并在屏幕上显示 📶 图标，表示 Wi-Fi 功能打开或者有连接，点亮并在屏幕上显示 🅱 图标，表示蓝牙功能打开或者有连接，闪烁并在屏幕上显示 📤 图标，表示相机正在发送图像数据

❺ 白平衡按钮

按住此按钮，旋转前拨盘、后拨盘或控制拨盘选择所需的白平衡模式，半按快门确认选择

❻ ISO感光度按钮

按住此按钮，旋转前拨盘、后拨盘或控制拨盘选择所需的 ISO 感光度数值，半按快门确认选择

❼ 曝光补偿按钮

按住此按钮，旋转前拨盘、后拨盘或控制拨盘选择所需的曝光补偿数值，半按快门确认选择

❽ 视频录制按钮

用于开始或停止视频录制

❾ 相机开关

控制相机的开启与关闭

❿ 立体声麦克风

录制视频时，通过此麦克风可以录制到立体的声音

松下DC-S5M2
背面结构

❶ Q快速菜单按钮

在拍摄状态下，按下此按钮将显示快速菜单，从而进行相关设置

❷ DISP按钮

在拍摄画面模式和回放照片模式下，每次按下此按钮，会依次切换信息显示

❸ MENU/SET按钮

在拍摄和回放模式下，按下此按钮可以启动相机内的菜单功能。在菜单设置界面中，按下此按钮用于确定选择

❹ 取消/删除按钮

在菜单设置界面中，按下此按钮为取消选择；在回放照片模式下，按下此按钮可以显示删除照片界面

❺ 光标按钮/Fn按钮

按下光标按钮上的▲、▼、◀、▶四个方向键，用于选择项目或数值；同时这四个方向键还是功能按钮，▲方向键是Fn8按钮、▶方向键是Fn9按钮、▼方向键是Fn10按钮、◀方向键是Fn11按钮，都可以通过"Fn按钮设置"菜单为其指定功能

❻ 控制拨盘

旋转此拨盘可以选择项目或数值

❼ 显示屏/触摸面板

使用此屏幕可以设定菜单功能、拍摄照片、拍摄短片，以及回放照片和短片，可以通过旋转此屏幕来获得更为方便观看的角度和方向。另外，此屏幕是可触摸控制的，可以通过手指点击、滑动来操作

❽ 回放按钮

按下此按钮可以回放刚刚拍摄的照片，还可以使用放大/缩小按钮对照片进行放大或缩小。再次按下此按钮，可返回拍摄状态

❾ LVF按钮

按下此按钮可以切换取景器显示或显示屏显示

❿ 眼罩

减少取景器进灰尘的概率，同时在拍摄时能保护眼部

⓫ 眼启动传感器

在默认设置下，拍摄显示在取景器和显示屏之间自动切换，当眼睛靠近取景器时，眼启动传感器可以感应到人眼观看取景器的动作，相机从显示屏显示切换到取景器显示，若离开取景器，则会切换到显示屏上显示

⑫ 取景器

在拍摄时，可通过观察取景器里面的景物进行取景构图，取景器中还会显示常用拍摄参数

⑬ AF模式按钮

按下此按钮，将显示对焦区域模式选择画面，再按此按钮可以选择所需的对焦区域模式

⑭ 对焦模式杆

拨动此杆使相应的图标对齐标志线，可以选择AF-S、AF-C 和 MF 对焦模式

⑮ 操纵杆/Fn按钮

一个中间按钮带 8 个方向键，使用时手指放在操纵杆的中心，向某个方向倾斜，用于选择项目或数值，或移动位置，按下操纵杆中间则是确定设置；操纵杆上的四个方向键和中央是功能按钮，▶方向键是Fn12 按钮、▲方向键是 Fn13 按钮、◀方向键是 Fn14 按钮、中央是 Fn15 按钮、▼方向键是 Fn16 按钮，可以通过"Fn 按钮设置"菜单为其指定功能

⑯ AF–ON按钮

按下此按钮与半按快门的效果一样，可以启动自动对焦操作

⑰ 后拨盘

拨动此拨盘可以选择项目或数值

松下DC–S5M2
侧面结构

❶ MIC接口

通过将带有立体声微型插头的外接麦克风连接到相机的外接麦克风输入端子上，可录制立体声

❷ 耳机插孔

通过将带有立体声微型插头的立体声耳机连接到相机的耳机端子，可以在短片拍摄期间听到声音

❸ HDMI接口

此接口用于将相机与外部显示屏或外部录像机连接在一起

❹ USB 端口

使用 USB 线连接此端口与交流电源适配器，可以为相机电池充电；当开启"USB-SSD"功能时，可以使用 USB 线连接此端口和SSD；还可以使用 USB 线将相机与计算机或外部录像机连接起来

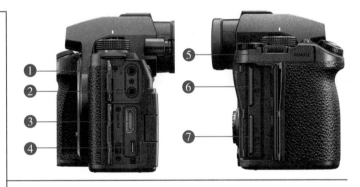

❺ REMOTE接口

可以连接 DMW-RS2GK 快门线遥控相机拍摄

❻ 存储卡插槽1

可以安装或拆卸存储卡。松下 DC-S5M2x 具有两个存储卡插槽

❼ 存储卡插槽 2

可以安装或拆卸存储卡。通过"双卡槽功能"菜单，可以设置插槽 1和插槽 2 中存储卡的存储方式

松下DC-S5M2
控制面板

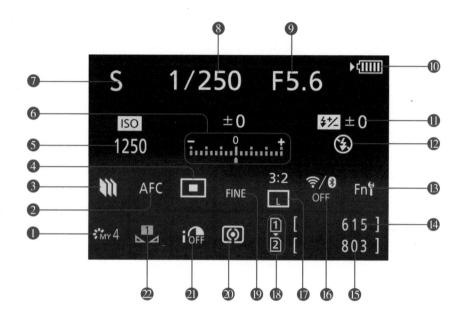

❶ 照片格调	❿ 电池指示	⓰ Wi-Fi/Bluetooth 连接
❷ 聚焦模式	⓫ 闪光灯设置	状态
❸ 驱动模式	⓬ 闪光模式	⓱ 图像尺寸/高宽比
❹ 对焦模式	⓭ Fn 按钮设置	⓲ 存储卡插槽
❺ ISO 感光度	⓮ 存储卡 1 可拍摄的图	⓳ 图像质量
❻ 曝光补偿值 / 手动曝光辅助	像数量	⓴ 测光模式
❼ 拍摄模式	⓯ 存储卡 2 可拍摄的图	㉑ 智能动态范围
❽ 快门速度	像数量	㉒ 白平衡
❾ 光圈值		

第 2 章

初上手一定要学会的菜单设置

选择显示模式

　　使用松下 DC-S5M2 相机既可以通过显示屏取景拍摄，也可以通过电子取景器进行取景拍摄，用户可以根据自己的拍摄习惯来选择取景模式。通过按下相机顶部侧面的 LVF 显示屏模式按钮，可以按照自动取景器 / 显示屏切换→取景器显示→显示屏显示顺序循环切换显示模式。

▲ 显示屏模式按钮

　　● LVF/MON AUTO（自动取景器 / 显示屏切换）：当相机的眼感应器感应到眼睛靠近取景器时，会在取景器中显示参数和图像，当感应到眼睛离开取景器时，则在显示屏中显示参数和图像，如果显示屏与镜头均朝向被拍摄场景时，则取景器与显示屏同时显示参数和图像。

　　● LVF（取景器显示）：会在取景器中显示图像和参数，而显示屏则是黑色的，此模式适合在电量较少时使用。

　　● MON（显示屏显示）：将在显示屏中进行取景拍摄、菜单设定和播放操作。

　　除了通过按 LVF 按钮切换显示模式外，还可以通过"眼启动传感器"菜单设置显示模式。若要使眼启动传感器能够识别眼睛靠近的动作，需要启用"眼启动传感器 AF"功能。

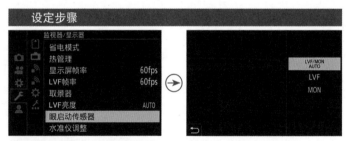

❶ 在**设置菜单**中点击**监视 / 显示器**图标，然后点击**眼启动传感器**选项

❷ 点击选择所需的选项

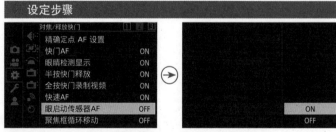

❶ 在**自定义菜单**中点击**对焦 / 释放快门**图标，然后点击**眼启动传感器 AF** 选项

❷ 点击 **ON** 选项

用 DISP 按钮切换屏幕信息

在拍摄状态下，不断按 DISP 按钮可在显示屏中按显示信息→不显示信息→控制面板→关闭（黑色）的顺序循环显示不同显示状态的拍摄界面。

❶ 显示信息

❷ 不信息显示

❸ 控制面板

❹ 关闭（黑色）

使用控制面板设置参数

在松下 DC-S5M2 相机的控制面板中，除了可以查看相机的当前拍摄设置外，也可以更改设置。

❶ 连续按 DISP 按钮切换至控制面板显示模式。

❷ 按▲、▼、◀、▶方向键选择要设置的功能。

❸ 转动后拨盘 可以改变参数设置。

由于松下 DC-S5M2 相机的屏幕具有触摸功能，因此第 2、3 步的操作也可以通过手指点击来完成，最后点击设置图标确定。

❶ 切换至控制面板

❷ 选择要修改的项目

❸ 转动后拨盘选择选项

掌握相机菜单的设置方法

通过菜单设置相机参数

松下 DC-S5M2 相机的菜单功能非常丰富，熟练掌握与菜单相关的操作可以帮助摄影师更快速、准确地进行设置。

首先来认识一下松下 DC-S5M2 相机提供的菜单的主设置页，即位于菜单最左边的各个图标，从上到下依次为照片菜单 **○**、视频菜单**👥**、自定义菜单 **✿**、设置菜单**🔧**、我的菜单**👤**。在回放照片状态下，按下 MENU 按钮会显示回放菜单**▶**。每个主设置图标下还有多个副设置页，

● 显示屏
用于显示菜单项目

● 菜单按钮
按下此按钮即可在屏幕中显示菜单项目

● MENU/SET按钮
用于选择菜单命令或确认当前的设置

● 副设置页

● 主设置页

内有不同类型的菜单功能，例如，在照片菜单的副设置页中就有画质、对焦、闪光和其他（照片）四种分类。

通过点击触摸屏设置菜单

由于松下 DC-S5M2 的屏幕是触摸屏，因此操作起来十分方便。下面以设置包围曝光选项为例，介绍通过点击屏幕来设置菜单参数的操作方法。

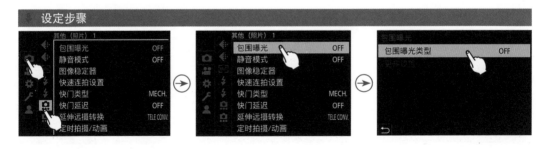

● 点击所需的主设置页图标，即可切换到该菜单设置页。点击副设置页图标，即可切换到该菜单设置页。

● 在设置界面中，点击选择所需的菜单项目。

● 在参数设置界面中，点击选择所需选项即可。有些选项界面还有下级设置界面，有些设置界面还要点击 设置 图标确定。

使用快速菜单设置参数

什么是快速菜单

松下 DC-S5M2 所有的查看与设置工作，都需要通过屏幕来完成，如回放照片及拍摄参数设置等。快速菜单是指在显示屏上显示的用于更改各项拍摄参数的界面，在屏幕显示的情况下，按下机身背面的 Q 按钮，即可开启快速菜单。

使用快速菜单设置参数的方法

使用快速菜单设置参数的步骤如下。

❶ 按 Q 按钮显示快速菜单界面。

❷ 按▲、▼、◀、▶方向键选择要设置的功能。

❸ 转动前拨盘 或后拨盘 可以改变设置。设置好参数后，半按快门按钮或按 Q 按钮退出快速菜单。其中，光圈、快门速度等参数是无须按照此方法进行设置。

由于松下 DC-S5M2 相机的屏幕具有触摸功能，因此第 2、3 步的操作也可以通过手指点击来完成。

▲ 拍摄小孩时，由于他们的情绪状态不定，可以使用快速菜单节省设置参数的时间『焦距：85mm；光圈：F3.2；快门速度：1/250s；感光度：ISO200 』

高手点拨：快速菜单中的项目可以通过"Q.MENU设置"菜单进行自定义。

设置相机通用参数

设置照片预览时长

为了方便拍摄结束后立即查看拍摄结果,可在"自动回放"菜单中设置拍摄后屏幕显示图像的时间长度,或者回放操作优先。

● 持续时间(照片):拍摄完成后相机自动显示图像。如果选择"HOLD"选项,则图像将一直显示,直至半按快门按钮;选择"5SEC~0.5SEC"选项,则图像显示时长为所设置的时间;选择"OFF"选项,则不会自动显示图像。

● 回放操作优先:当设置为"ON"选项时,可在自动回放过程中切换回放画面或删除图像。

① 在**自定义菜单**中点击**监视器 / 显示器(照片)**图标,然后点击**自动回放**选项

② 点击**持续时间(照片)**选项

③ 点击选择一个时间选项

④ 如果在步骤**②**中选择了**回放操作优先**选项,在此界面可以点击**ON** 或 **OFF** 选项

调整显示屏亮度

通过"显示屏背光"菜单,可以调整显示屏的显示亮度。通常情况下,应将显示屏的明暗调整到与最后的画面效果接近的亮度,以便于查看所拍摄照片的效果,并可随时调整相机设置,从而得到曝光合适的画面。在环境光线较暗的地方拍摄时,为了方便查看,可以将显示屏的显示亮度调低一些;同理,在光线较强的白天,可将亮度调高一些。

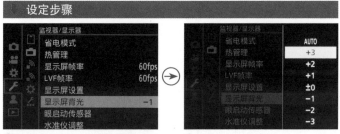

① 在**设置菜单**中点击**监视器 / 显示器**图标,然后点击**显示屏背光**选项

② 点击选择所需的选项

高手点拨: 显示屏的亮度可以根据个人喜好及环境光线进行设置。为了避免曝光错误,建议不要过分依赖显示屏显示,要养成查看直方图的习惯。

设置省电模式

　　在"省电模式"菜单中可以控制相机、显示屏及取景器自动关闭的时间。如果不操作相机，那么相机将会在设定的时间后自动关闭显示屏、取景器的显示，或关闭相机电源，以减少电量消耗。

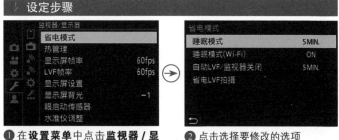

❶ 在**设置菜单**中点击**监视器 / 显示器**图标，然后点击**省电模式**选项

❷ 点击选择要修改的选项

❸ 若在步骤❷中选择了**睡眠模式**选项，在此点击选择一个时间选项

❹ 若在步骤❷中选择了**睡眠模式**（**Wi-Fi**）选项，在此点击 **ON** 或 **OFF** 选项

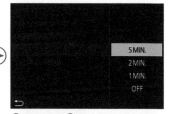

❺ 若在步骤❷中选择了**自动 LVF/监视器关闭**选项，点击选择一个时间或 OFF 选项

❻ 若在步骤❷中选择了**省电 LVF拍摄**选项，在此点击**睡眠时间**或**激活方法**选项

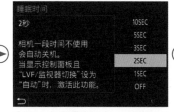

❼ 若在步骤❻中选择了**睡眠时间**选项，在此点击选择一个时间或 **OFF** 选项

❽ 若在步骤❻中选择了**激活方法**选项，在此点击**仅限控制面板**或**拍摄待机时**选项

● 睡眠模式：可以选择一个时间选项，当在设定的时间后没有操作相机，相机将自动进入睡眠状态，半按快门按钮，相机恢复到拍摄待机状态。

● 睡眠模式（Wi-Fi）：当设置为"ON"选项后，则相机在断开 Wi-Fi 功能 15 分钟后进入睡眠状态，半按快门按钮，相机恢复到拍摄待机状态。

● 自动 LVF/ 监视器关闭：可以选择一个时间选项，当在设定的时间后没有操作相机，相机将会自动关闭取景器或显示屏，按任意一个按钮，相机恢复到拍摄待机状态。

● 省电 LVF 拍摄：设定在自动切换取景器和显示屏显示的情况下，当显示屏上显示拍摄画面时，让相机进入睡眠模式，在"睡眠时间"选项中可以设定相机进入睡眠状态的时间。在"激活方法"中选择"仅限控制面板"选项，仅当显示屏显示为控制面板时，才让相机进入睡眠模式。选择"拍摄待机时"选项时，拍摄待机时，相机可以从任何画面进入睡眠状态。

设置取景器或监视器显示

在"LVF/监视器显示设置"菜单中，可以设置相机取景器或显示屏画面显示的形式。还可以设置画面显示是否根据显示屏的朝向或角度自动翻转。

设定步骤

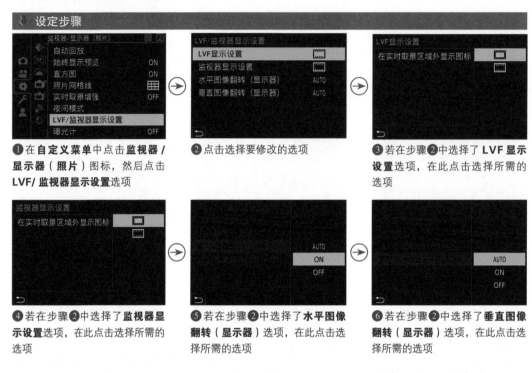

❶ 在**自定义菜单**中点击**监视器/显示器（照片）**图标，然后点击**LVF/监视器显示设置**选项

❷ 点击选择要修改的选项

❸ 若在步骤❷中选择了 **LVF 显示设置**选项，在此点击选择所需的选项

❹ 若在步骤❷中选择了**监视器显示设置**选项，在此点击选择所需的选项

❺ 若在步骤❷中选择了**水平图像翻转（显示器）**选项，在此点击选择所需的选项

❻ 若在步骤❷中选择了**垂直图像翻转（显示器）**选项，在此点击选择所需的选项

●LVF 显示设置：设置取景器中画面的显示形式，可以选择"▭"和"▭"选项，选择"▭"选项，画面四周有黑框，相机基本参数显示在黑框上，图像则显示在黑框内，这样可以更好地查看图像的构图。选择"▭"选项，图像显示整个取景器画面，相机基本参数叠加在图像上，因为图像显示的比例更大一些，可以看到更多的画面细节。

●监视器显示设置：设置在显示屏中画面的显示形式，与"LVF显示设置"一样，可以选择"▭"和"▭"选项。

●水平图像翻转（显示器）：选择"AUTO"选项，画面显示会根据显示屏打开或关闭的角度，自动水平翻转。选择"ON"选项，在显示屏中的图像会自动水平翻转。选择"OFF"选项，画面显示不会因为显示屏的方向与角度进行水平翻转。

●垂直图像翻转（显示器）：选择"AUTO"选项，画面显示会根据显示屏旋转的角度，自动纵向翻转。选择"ON"选项，画面显示在显示屏中始终为纵向；选择"OFF"选项，画面显示不会因为显示屏的角度进行翻转。

显示网格线辅助构图

　　"照片网格线"功能可以帮助摄影师进行比较精确的构图，如严格的水平线或垂直线构图等。而 3×3 的网格结构也可以帮助摄影师进行较准确的 3 分法构图，这在拍摄时非常实用。

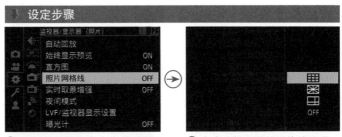

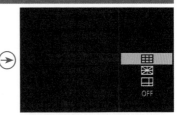

❶ 在**自定义菜单**中点击**监视器 / 显示器（照片）**图标，然后点击**照片网格线**选项

❷ 点击选择所需的网格线选项

▲设置"⊞"选项时，网格线显示效果

▲设置"⊠"选项时，网格线显示效果

▲设置"⊞"选项时，网格线显示效果

高手点拨：值得一提的是"⊞"网格样式，用户可以按◀、▶、▲、▼方向键移动网格线至想要对齐的位置，进一步方便了构图。

显示曝光计

　　启用"曝光计"功能后，在程序自动曝光模式下执行程序偏移操作、在光圈优先或手动曝光模式下设置光圈，以及在快门优先或手动曝光模式下设置快门速度时，会显示曝光计，这时只需要保证光圈和快门都处于无颜色的方框中，就能得到曝光合适的画面。

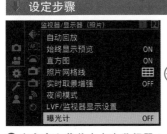

❶ 在**自定义菜单**中点击**监视器 / 显示器（照片）**图标，然后点击**曝光计**选项

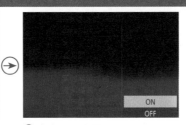

❷ 点击 **ON** 选项

▲ 曝光计显示效果

纯粹叠加

　　开启"纯粹叠加"功能,相机可以从已拍摄的照片或视频中截取图像,叠加在拍摄画面上,供摄影师参考,此功能的好处是,在拍摄相同场景差不多的画面时,显示图像叠加可以更好地观察画面,比如在拍摄定格动画时,如果中断后继续拍摄时,就可以先使用此功能对比一下拍摄画面,找出画面的区别并进行调整,以得到取景效果一致的画面。

设定步骤

❶在**自定义菜单**中点击**监视器 / 显示器(照片)**图标,然后点击**纯粹叠加**选项

❷点击 **SET** 选项

❸点击**透明度**选项

❹点击 **H** 或 **L** 选项

❺如果在步骤❸中选择了**图像选择**选项,在此界面选择一张图像

❻如果在步骤❸中选择了**电源关闭时重置**选项,在此界面点击 **ON** 选项

❼如果在步骤❸中选择了**显示图像(按下快门)**选项,在此界面点击 **ON** 选项

❽叠加效果

始终显示预览以正确曝光

"始终显示预览"菜单用于设置在显示屏及取景器中模拟实际图像看起来的亮度（曝光）。

● 效果：用于设置在光圈优先曝光模式或手动曝光模式下，可以在拍摄画面上始终确认光圈效果。在手动曝光模式下，还可以确认快门速度效果。

● MF 辅助时预览：设置为 "ON" 选项时，可以在 MF 辅助画面中显示预览。

设定步骤

❶ 在**自定义菜单**中点击**监视器 /
显示器（照片）**图标，然后点击
始终显示预览选项

❷ 点击 **SET** 选项

❸ 点击**效果**选项

❹ 点击选择所需的选项

❺ 点击 **MF辅助时预览**选项

❻ 点击 **ON** 选项

创意视频的组合设置

在默认设置下，在 &M 或 S&Q 拍摄模式下更改的曝光和白平衡等设置，在使用 P、A、S、M 模式拍摄照片时，也会同步相同的设置，通过"创意视频的组合设置"菜单，可以将视频录制时设置和照片拍摄时的设置分开保存。例如，如果拍摄照片模式下白平衡为阴天，拍摄视频模式下可以用其他模式，如自定义白平衡模式。

可以分开保存的菜单设置有：光圈 / 快门速度 /ISO 感光度 / 曝光补偿、白平衡、照片格调、测光模式、对焦区域模式。在菜单相应选项的设置界面中选择 "🔿" 图标，各个拍摄模式的拍摄设置会关联起来，选择 "🔌" 图标，则 &M、S&Q 模式和 P、A、S、M 模式可以分开设置。

设定步骤

❶ 在**自定义菜单**中点击**画质**图标，
然后点击**创意视频的组合设置**选项

❷ 选择要设置的选项

❸ 选择拍摄照片或录制视频图标

设置相机控制参数

通过重设相机菜单解决多数问题

利用"重设"功能可以一次性将拍摄、网络、自定义及设置菜单的所选项目恢复到出厂时的默认设置状态，可免去逐一清除的麻烦。

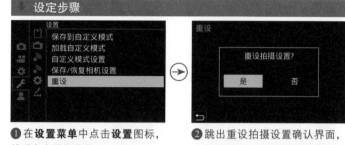

❶ 在**设置菜单**中点击**设置**图标，然后点击**重设**选项

❷ 跳出重设拍摄设置确认界面，点击**是**选项即可重设拍摄菜单

❸ 重设完成后显示此提示

❹ 接着跳出重设网络设置确认界面，点击**是**选项即可重设网络菜单

❺ 接着跳出重设设定设置/自定义设置确认界面，点击**是**选项即可重设设置和自定义菜单

利用操作锁定避免误操作

为了避免在拍摄时误操作光标（即方向键）、操纵杆、触摸面板、拨盘或 DISP 按钮更改相机设置，可以在"操作锁定设置"菜单中指定要锁定的对象，然后按下指定为"操作锁定"功能的 Fn 按钮，即可在拍摄时禁用此菜单中选定的按钮。

❶ 在**自定义菜单**中点击**操作**图标，然后点击**操作锁定设置**选项

❷ 点击选择要设置的选项

❸ 点击选择锁定或解锁选项

设置触摸操作

松下 DC-S5M2 相机的屏幕支持触摸操作，用户可以触摸屏幕来进行拍摄照片、触摸对焦、设置菜单、回放照片等操作。

在"触摸设置"菜单中，用户可以设置触摸面板、触摸标签、触摸 AF、触摸板 AF 选项。

● 触摸面板：选择"ON"选项，则开启触摸面板功能，支持所有的触摸操作。选择"OFF"选项，则触摸不再起作用，需要使用传统的按钮操作方式。

● 触摸标签：在默认设置下，不会在显示屏中显示触摸图标，需要在此设置为"ON"才会显示☑，在拍摄时通过点击此图标，进入选择触摸对焦或触摸快门界面，如下图所示，每点一次下图红框所在的图标，可以切换 📷（触摸 AF）、📷（触摸快门）或 📷×（触摸关闭）。

▲ 点红框所在的图标切换显示

设定步骤

❶ 在**自定义菜单**中点击**操作**图标，然后点击**触摸设置**选项

❷ 点击选择要设置的选项

❸ 若在步骤❷中选择了**触摸面板**选项，在此点击 **ON** 选项

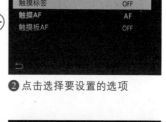

❹ 若在步骤❷中选择了**触摸标签**选项，在此点击 **ON** 选项

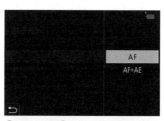

❺ 若在步骤❷中选择了**触摸 AF** 选项，在此点击 **AF** 或 **AF+AE** 选项

❻ 若在步骤❷中选择了**触摸板 AF** 选项，在此点击所需的选项

● 触摸 AF：选择"AF"选项，可以执行对焦的操作，选择"AF+AE"选项，可以执行对焦及测光的操作。

● 触摸板 AF：设置在使用取景器显示时，可以触摸显示屏以更改对焦框的位置和大小。可以选择"EXACT""OFFSET1~OFFSET7"选项，选择"EXACT"选项，可以在触摸板上触摸所期望的位置，来移动对焦框，而其他选项则分别代表触摸板上触摸的范围，"OFFSET1"选项为整个区域，"OFFSET2"选项为右半部分，"OFFSET3"选项为右上部分，"OFFSET4"选项为右下部分，"OFFSET5"选项为左半部分，"OFFSET6"选项为左上部分，OFFSET7 选项为左下部分，设置 FFSET1~OFFSET7 选项时，则是在触摸板上拖动手指的距离，来移动对焦框。

自定义注册快速菜单项目

通过"Q.MENU 设置"菜单，用户可以设置快速菜单的布局方式、前拨盘所执行的操作，还可以实现在拍摄照片与视频时，使用不同自定义快速菜单项目的目的。

设定步骤

❶ 在**自定义菜单**中点击**操作**图标，然后点击**Q.MENU设置**选项

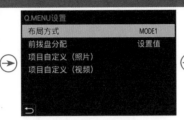

❷ 点击选择要修改的选项

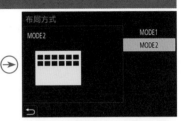

❸ 若在步骤❷中选择了**布局方式**选项，在此点击**MODE1**或**MODE2**选项

❹ 若在步骤❷中选择了**前拨盘分配**选项，在此点击**项目**或**设置值**选项

❺ 若在步骤❷中选择了**项目自定义（照片）**选项，在此点击要注册项目的位置

❻ 点击要注册的选项，此处以选择**双原生ISO设置**选项为例

❼ 所选的项目已经被注册到目标位置，可以按相同的操作将其他参数更换为自己常用的参数

❽ 若在步骤❷中选择了**项目自定义（视频）**选项，在此点击要注册项目的位置

❾ 点击要注册的选项，此处以选择**慢速曝光降噪**选项为例

● 布局方式：选择"MODE1"选项，横向显示菜单项目，没有图像显示。选择"MODE2"选项，则左侧显示图像，右侧显示菜单项目，下方显示项目参数选项。

● 前拨盘分配：选择"项目"选项，在快速菜单操作中，转动前拨盘可以选择菜单项目；选择"设置值"选项，转动前拨盘则可以选择项目参数选项。

● 项目自定义（照片）/项目自定义（视频）：可以注册自己在拍摄照片或录制视频时常用的菜单项目到快速菜单。

❿ 所选的项目已经被注册到目标位置，可以按相同的操作将其他参数更换为自己常用的参数

修改自定义按钮的功能

注册功能

松下 DC-S5M2 相机的机身上有很多功能按钮，并被分别赋予了不同的功能，以便于拍摄者进行快速设置。根据个人的不同需求，可以在"Fn 按钮设置"菜单中，分别在拍摄模式和回放模式下，为这些按钮重新指定功能。

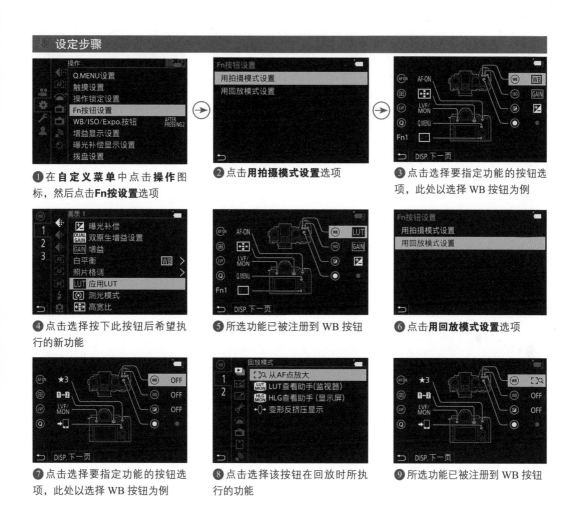

❶ 在**自定义菜单**中点击**操作**图标，然后点击**Fn按钮设置**选项

❷ 点击**用拍摄模式设置**选项

❸ 点击选择要指定功能的按钮选项，此处以选择 WB 按钮为例

❹ 点击选择按下此按钮后希望执行的新功能

❺ 所选功能已被注册到 WB 按钮

❻ 点击**用回放模式设置**选项

❼ 点击选择要指定功能的按钮选项，此处以选择 WB 按钮为例

❽ 点击选择该按钮在回放时所执行的功能

❾ 所选功能已被注册到 WB 按钮

高手点拨：这是一个非常值得深入研究的功能，松下DC-S5M2相机提供了丰富的按钮，使用此功能时，用户可以在拍摄模式与回放模式两种状态下，分别为同一个按钮定义不同的功能，如在上面的菜单操作示例中，在拍摄模式下WB按钮被定义为"应用LUT"功能，在回放模式下，该按钮被定义为"从AF点放大"功能。需要注意的是，Fn1~Fn11按钮可以在拍摄模式下注册功能，无法在回放模式下注册功能。

一键切换 JPG 与 RAW

外出拍摄时，大部分街拍画面没有后期处理的意义，将照片设置为 JPG 格式即可，但在拍摄过程中，有时会碰到很精彩的画面，此时又需要将照片设置为 RAW+JPG 格式，给后期留下处理空间，如果按照常规方法进入菜单进行设置，速度会有些慢，有可能会错失精彩瞬间，这时，便可利用"**Fn 按设置**"菜单功能，将一键切换 JPEG 与 RAW 功能注册到某个按钮，这样在碰到精彩的画面时，按下指定的按钮，就可以实现一键切换画质操作，具体的菜单设置步骤如下。

设定步骤

❶ 在**自定义菜单**中点击**操作**图标，然后点击**Fn按设置**选项

❷ 点击**用拍摄模式设置**选项

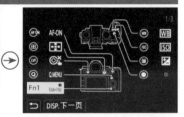

❸ 点击选择要指定功能的按钮选项，此处以选择 Fn1 按钮为例

❹ 点击选择**单张 RAW+JPG** 选项

▲ 在街拍过程中遇到值得后期处理的画面时，可以一键切换画质，将照片保存为 RAW 格式『焦距：40mm ┊光圈：F8 ┊快门速度：1/200s ┊感光度：ISO200』

设置拨盘功能

松下 DC-S5M2 相机有前拨盘、后拨盘和控制拨盘，在默认设置下，很多时候旋转这些拨盘可以执行相同的操作，为了更好地利用这些拨盘，可以在"拨盘设置"菜单中，指定旋转这些拨盘时所执行的功能。

❶ 在**自定义菜单**中点击**操作**图标，然后点击**拨盘设置**选项

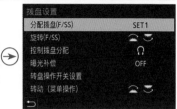

❷ 点击选择要修改的选项

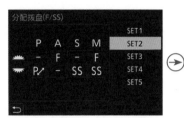

❸ 若在步骤❷中选择了**分配拨盘（F/SS）**选项，在此点击选择所需的选项、例如选择**SET2**选项，在 M 挡模式下，前拨盘改变光圈，后拨盘改变快门速度

❹ 若在步骤❷中选择了**旋转（F/SS）**选项，在此可以选择逆时针或顺时针旋转拨盘时，参数是变大还是变小

❺ 若在步骤❷中选择了**控制拨盘分配**选项，在此选择需要赋予控制拨盘的功能。例如，在此选择的是曝光补偿

❻ 若在步骤❷中选择了**曝光补偿**选项，在此可以选择是用前拨盘还是后拨盘来改变曝光补偿数值

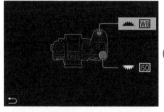

❼ 若在步骤❷中选择了**转盘操作开关设置**选项，在此可以修改前拨盘或后拨盘调整的参数

❽ 点击选择前拨盘需要注册的新功能

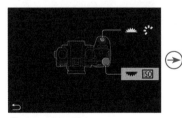

❾ 在此选择**后拨盘**

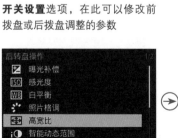

❿ 点击选择后拨盘需要注册的新功能

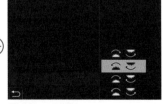

⓫ 若在步骤❷中选择了**转动（菜单操作）**选项，在此点击选择所需的选项

●分配拨盘（F/SS）：设置在 P、A、S、M 模式下，分配到拨盘的操作，可以选择 SET1~SET5 选项。每个选项的含义如下表所示。

选项	拨盘类型	P模式	A模式	S模式	M模式
SET1	前拨盘	程序偏移	光圈值	快门速度	光圈值
	后拨盘	程序偏移	光圈值	快门速度	快门速度
SET2	前拨盘	—	光圈值	—	光圈值
	后拨盘	程序偏移	—	快门速度	快门速度
SET3	前拨盘	—	—	快门速度	快门速度
	后拨盘	程序偏移	光圈值	—	光圈值
SET4	前拨盘	—	—	—	光圈值
	后拨盘	程序偏移	光圈值	快门速度	快门速度
SET5	前拨盘	程序偏移	光圈值	快门速度	光圈值
	—	—	—	—	快门速度

●旋转（F/SS）：设置前 / 后拨盘在调整光圈值和快门速度时的旋转方向，可以选择逆时针和顺时针旋转。

●控制拨盘分配：设置在拍摄时，转动控制拨盘所执行的功能，可以选择∩（耳机音量）、$\boxed{\mathbb{Z}}$/⑤（曝光 / 光圈）、$\boxed{\mathbb{Z}}$（曝光补偿）、$\boxed{\text{ISO}}$（感光度）和$\boxed{\zeta}$（对焦框尺寸）选项。当选择"$\boxed{\mathbb{Z}}$/⑤"选项时，在 M 手动曝光模式下，转动控制拨盘可以调整光圈值，在除 M 手动模式之外的其他模式下，转动控制拨盘可以调整曝光补偿。

●曝光补偿：设置在除 M 手动模式之外的其他模式下，将曝光补偿分配到前拨盘或后拨盘，但是"分配拨盘（F/SS）"中的设置会优先。

●转盘操作开关设置：在此可以临时注册前拨盘或后拨盘的功能，然后当按下指定为"转盘操作开关"功能的 Fn 按钮时，可以显示坐标线，此时可以转动前拨盘或后拨盘执行在此注册的功能。

●转动（菜单操作）：设置在操作菜单时拨盘的旋转方向。

设置摇杆功能

在"摇杆设置"菜单，可以设置拍摄时操纵杆的作用。

●D.FOCUS Movement：选择此选项，倾斜操纵杆可以移动对焦区域。

●Fn：选择此选项，将操纵杆作为 Fn 按钮使用。

●MENU：选择此选项，在拍摄时作为菜单按钮使用，按下此按钮可以显示菜单，而操纵杆的其他操作则被禁用。

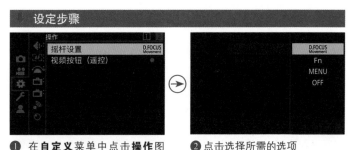

❶ 在**自定义**菜单中点击**操作**图标，然后点击**摇杆设置**选项　❷ 点击选择所需的选项

●OFF：选择此选项，可禁用操纵杆。

当选择"Fn"选项时，操纵杆上的四个方向键和中央键都是 Fn 按钮，其中▶方向键是 Fn12 按钮、▲方向键是 Fn13 按钮、◀方向键是 Fn14 按钮、中央是 Fn15 按钮、▼方向键是 Fn16 按钮，这五个键都可以通过"Fn 按钮设置"菜单指定功能，将常用的菜单注册到这些按钮上，在拍摄时设置参数的操作就更加方便了。

❶ 在**自定义菜单**中点击**操作**图标，然后点击**Fn按钮设置**选项

❷ 点击**用拍摄模式设置**选项

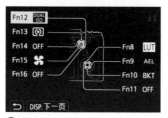

❸ 点击DISP图标切换至第3页，选择Fn12~Fn16之间的任一个按钮

❹ 点击选择为该按钮注册的功能

设置 WB、ISO、曝光补偿按钮操作

通过"WB/ISO/Expo 按钮"菜单，可以设置拍摄时按下 WB、ISO 或曝光补偿按钮的操作模式。

● WHILE PRESSING：选择此选项，允许按住按钮期间更改设置，释放按钮可确认设置并返回拍摄画面。

● AFTER PRESSING1：选择此选项，按下按钮时显示设置，此时可以转动前拨盘或后拨盘更改设置。再次按下此按钮或半按快门按钮可确认设置并返回拍摄画面。

● AFTER PRESSING2：按下按钮时显示设置，再次按此按钮可以更改设置值（曝光补偿除外）。半按快门按钮确认选择并返回拍摄画面。

❶ 在**自定义菜单**中点击**操作**图标，然后点击**WB/ISO/Expo按钮**选项

❷ 点击选择所需的选项

设置影像存储参数

根据照片的用途设置画质

在拍摄过程中，根据照片的用途及后期处理要求，可以通过"图像质量"菜单设置照片的保存格式与品质。如果用于专业输出或希望为后期调整留出较大的空间，则应采用 RAW 格式；如果只是日常记录或要求不太严格的拍摄，使用 JPEG 格式即可。

采用 JPEG 格式拍摄的优点是文件小、通用性高，适用于网络发布、家庭照片洗印等，而且可以使用多种软件对其进行编辑处理。虽然压缩率较高，损失了较多的细节，但肉眼基本看不出来，因此是一种最常用的文件存储格式。

RAW 格式则是一种数码相机文件格式，它充分记录了拍摄时的各种原始数据，因此具有极大的后期调整空间，但必须使用专用的软件进行处理，如 Photoshop、Lightroom 等，经过后期调整转换格式后才能够输出照片，因而在专业摄影领域常使用此格式进行拍摄。其缺点是文件特别大，尤其在连拍时会极大地降低连拍的数量。

就图像质量而言，采用"FINE""STD."品质拍摄的结果虽然用肉眼不容易分辨出来，但画面的细节和精细程度还是有区别的，因此，只要不是在万不得已（如存储卡空间不足等）的情况时，应尽可能使用"FINE"品质。

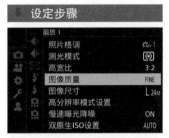

❶ 在**照片菜单**中点击**画质1**图标，然后点击**图像质量**选项

❷ 点击选择 RAW 格式或者 JPEG 格式画质选项

- FINE：选择此选项，将记录画质优先的 JPEG 图像。
- STD.：选择此选项，将记录标准画质的 JPEG 图像。在不改变图像尺寸的情况下可以增加可拍摄数量。
- RAW+FINE：选择此选项，将记录两张照片，即一张 RAW 格式的图像和一张画质优先的 JPEG 图像。
- RAW+STD.：选择此选项，将记录两张照片，即一张 RAW 格式的图像和一张标准画质的 JPEG 图像。
- RAW：选择此选项，则来自图像感应器的 14 位原始数据被直接保存到存储卡上。

Q：什么是 RAW 格式？

A：简单地说，RAW 格式就是一种数码照片文件格式，其包含了数码相机传感器未处理的图像数据，相机不会处理来自传感器的色彩分离的原始数据，仅将这些数据保存在存储卡上，这意味着相机将（所看到的）全部信息都保存在图像文件中。采用 RAW 格式拍摄时，数码相机仅保存 RAW 格式图像和 EXIF 信息（相机型号、所使用的镜头，以及焦距、光圈、快门速度等）。摄影师设定的相机预设值（如对比度、饱和度、清晰度和色调等）都不会影响所记录的图像数据。

Q：使用 RAW 格式拍摄的优点有哪些?

A：使用 RAW 格式拍摄的优点如下。

● 可将相机中的许多文件处理工作转移到计算机上进行，从而可进行更细致地对照片进行处理，包括白平衡调节，高光区、阴影区和低光区调节，以及清晰度、饱和度控制等。

● 可以使用最原始的图像数据(直接来自于传感器)，而不是经过处理的信息，这毫无疑问将会获得更好的效果。

● 可利用 14 位图片文件进行高位编辑，这意味着具有更多的色调，可以使最终的照片获得更平滑的梯度和色调过渡。在 14 位模式下进行操作时，可使用的数据更多。

根据用途及存储空间设置图像尺寸

图像尺寸直接影响着最终输出照片的大小，通常情况下，只要存储卡空间足够，那么就建议使用大尺寸，以便于在计算机上通过后期处理软件，以裁剪的方式对照片进行二次构图处理。

另外，如果照片用于印刷、洗印等，也推荐使用大尺寸记录。如果只是用于网络发布、简单地记录或在存储卡空间不足时，则可以根据情况选择较小的尺寸。

❶ 在**照片菜单**中点击**画质1**图标，然后点击**图像尺寸**选项

❷ 点击选择所需的尺寸选项

设置静止图像高宽比

使用此菜单可以改变照片的高宽比。如果希望拍摄出适合在宽屏计算机显示器或高清电视上查看的照片，可以设置为 16：9 宽高比。使用 4：3 的宽高比拍摄出来的画面适宜在普通计算机上观看。使用 1：1 的高宽比拍摄出来的画面是正方形的，当需要使用方画幅来表现主体或拍摄用于网络头像的照片时适合使用。

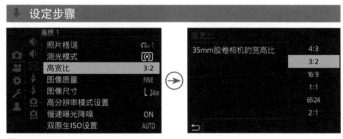

❶ 在**照片菜单**中点击**画质1**图标，然后点击**高宽比**选项

❷ 点击选择所需的比例选项

此外，还可以选择 65：24、2：1 这样的全景宽高比，可以轻松得到宽画幅画面。

设置照片拍摄风格

根据不同的拍摄题材，可以选择相应的照片格调。例如，在拍摄风光题材时，可以选择色彩较为艳丽、锐度和对比度都较高的"风景画"照片格调，松下DC-S5M2相机通过"照片格调"菜单可以选择多达18种预设的照片格调模式。

❶ 在**照片菜单**中点击**画质1**图标，然后点击**照片格调**选项

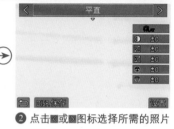

❷ 点击◁或▷图标选择所需的照片格调模式

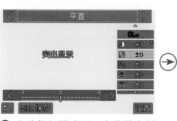

❸ 当选择好模式后，在菜单右侧点击要编辑的参数选项，此处以选择**突出显示**选项为例

❹ 点击下方参数设置栏上◁或▷图标选择所需的数值，然后按下MENU/OK按钮确认

● 标准：此模式是最常用的照片格调，使用此模式拍摄的照片画面清晰，色彩鲜艳、明快。

● 生动：使用此模式拍摄的照片具有较高饱和度和对比度。

● 自然：使用此模式拍摄的照片具有较低的对比度，画面更为柔和。

● L.新经典：使用此模式拍摄的照片具有怀旧色彩，画面比较柔和，有电影质感效果。

● 平直：具有较低饱和度和对比度，且画面更加平滑。

● 风景画：会强调画面中的蓝天和绿色色彩，适合拍摄风景。

● 肖像：使用此模式拍摄人像时，人的皮肤会显得更加柔和、细腻。

● 单色：使用此模式可拍摄单色照片。

● L.单色：此模式会强调黑色，使画面层次丰富，并且有鲜明的黑色对比。

● L.单色D：此模式会增强明亮区域和阴影区域。

● L.单色S：此模式会呈现柔和的单色效果，适合拍摄人像。

● 电影模式动态范围2：此模式会使用伽马曲线润色，创建电影质感般的画面。

● 电影模式视频2：此模式使用优先对比度的伽马曲线润色，创建电影质感般的画面。

● Like709：此模式会应用与Rec.709伽马曲线相同的效果，修正高亮度区域，最大限度地降低曝光过度。

● V-Log：此模式采用后期制作处理的伽马曲线，可以在后期编辑过程中，给画面添加丰富的层次。

● 实时LUT：此模式会记录图像并将LUT文件应用于"V-Log"照片格调。

● Like2100（HLG）：适合录制HLG格式视频时使用。"亮度级别"被固定为64-940。

● Like2100（HLG）全范围：适合录制HLG格式视频时使用。"亮度级别"被固定为0-1023。

● MY PHOTO STYLE 1~MY PHOTO STYLE 10：这些为自定义注册模式，用户可以修改相应的参数，然后按DISP按钮保存为我的照片格调。

有下列参数可以设置，但是所选模式的不同，支持修改的参数也略有不同。

● 对比度：控制图像的反差及色彩的鲜艳程度。在有雾气的场景下拍摄时，如果希望突出主体，可以提高对比度值。

● 突出显示：可以调整画面中明亮区域的亮度。向正数端调整，明亮区域越来越亮，向负数端调整，明亮区域越来越暗。

● 阴影：可以调整画面中黑暗区域的亮度，向正数端调整，黑暗区域越来越亮，细节会展示得更多，向负数端调整，黑暗区域越来越暗，画面的对比变强。

● 饱和度：控制色彩的鲜艳程度。向正数端调整表示提高饱和度，色彩变得越来越艳，向负数端调整表示降低饱和度，色彩变得越来越淡。

● 色调：控制画面蓝黄色调的偏向。此选项仅限于在单色、L.单色、L.单色D及L.单色S模式下可用。

● 色彩：假定基准点为红色，此选项将朝紫色/洋红色或黄色/绿色方向转动色相，以调整整个画面的着色。

● 滤镜效果：选择"黄色"时可以较弱地增强对比度，适合拍摄晴朗的蓝天；选择"橙色"时可以中等强度增强对比度，拍摄得到比较深的蓝色天空，选择"红色"时可以较强地增强对比度，拍摄得到更深的蓝色天空；选择"绿色"，可以使人物的肌肤和嘴唇呈现出自然的色调，使绿叶呈现出更亮、更细腻的效果；选择"关闭"则不使用滤镜效果。

● 颗粒效果：可以为画面添加颗粒效果，可以选择"弱""中""强"颗粒效果等级，选择"关闭"则不使用颗粒效果。

● 色彩噪点：选择"开"可以为画面添加彩色的颗粒效果。

● 清晰度：可以增强画面中的轮廓，使画面变得清晰。

● 降噪：调整降噪效果，提高此效果会导致图像分辨率稍微下降。

● 双原生 ISO 设置：设置双原生 ISO 感光度。在选择了 MY PHOTO STYLE 1~MY PHOTO STYLE 10 自定义模式，并同时设置添加效果、感光度、白平衡时才可用。

● 感光度：设置感光度值，也是在 MY PHOTO STYLE 1 ～ MY PHOTO STYLE 10 自定义模式下才可用。

● 白平衡：设置白平衡，也是在 MY PHOTO STYLE 1 ～ MY PHOTO STYLE 10 自定义模式下才可用。

Q：为什么要使用照片格调功能？

A：数码相机在记录图像之前会在图像感应器的信号输出中对图像的色调、亮度及轮廓进行修正处理。使用照片格调功能，可以在拍摄前设置所需修正的照片风格。如果在拍摄照片前已经根据需要设置了合适的照片风格（例如，"肖像"照片格调适合拍摄人物，"风景画"照片格调适合拍摄天空和深绿色的树木等），则无须在拍摄后使用后期处理软件编辑图像。

▶ 拍摄风光题材时，使用"风景画"照片格调模式，可以得到色彩艳丽的画面效果『焦距：35mm ┊光圈：F8 ┊快门速度：1/640s ┊感光度：ISO200』

应用 LUT 让画面色彩更丰富

LUT 是 Lookup Table（颜色查找表）的缩写，简单理解就是通过 LUT，可以将一组 RGB 值输出为另一组 RGB 值，从而改变画面的曝光与色彩。

将网络上下载 LUT 文件存入存储卡，然后将该存储卡插入松下 DC-S5M2 相机，通过 "LTU 库"菜单，可以将存储卡中的 LUT 文件注册到相机，最多可以注册 10 个 LUT 文件，与"照片格调"和"LUT 查看助手"功能一起使用，就可以在前期拍摄时轻松得到需要后期处理才能获得的照片色调。

设定步骤

❶ 在**自定义菜单**中点击**画质**图标，然后点击**LUT库**选项

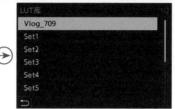
❷ 点击选择一个位置选项，如果选择一个已注册过的选项，新 LUT 文件则会覆盖原来的

❸ 点击**加载**选项

❹ 点击选择 LUT 文件所在的存储卡卡槽选项，此处相机只有一张存储卡，因此只显示卡槽 1

❺ 选择要加载的 LUT 文件，完成后显示"读取 LUT 文件完成"的提示

❻ 切换到**照片菜单**中点击**画质 1**图标，然后点击**照片格调**选项

❼ 点击上方的◀或▶图标选择**实时 LUT** 选项，然后点击 ⊕ LUT选择 图标

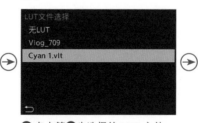
❽ 点击第❺步选择的 LUT 文件

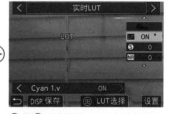
❾ 第❺步选择的 LUT 文件显示出来了

高手点拨：可以从 https://pro-av.panasonic.net/cn/cinema_camera_varicam_eva/support/lut/index.html 网站下载官方LUT文件。

随拍随赏——拍摄后查看照片

回放照片的基本操作

在回放照片时，可以进行放大、缩小、显示信息、前翻、后翻及删除照片等多种操作。下面通过图示来展示回放照片的基本操作方法。

向左转动后拨盘 可以按12张、30张缩略图显示（也可以用张开的两个手指触摸屏幕，然后在屏幕上将手指合拢，以触摸的方式缩小播放照片）

向右转动后拨盘 可以按 2 倍、4 倍、8 倍、16 倍的顺序放大照片，向左转动后拨盘 恢复原始大小显示（也可以用合拢的两个手指触摸屏幕，然后在屏幕上将手指张开，以触摸的方式放大显示照片）

按▲、▼、◀、▶方向键查看放大的照片局部（也可以直接用手指触摸屏幕，拖动图像查看局部）

按▶按钮，可浏览照片

连续按 DISP 按钮，可以循环显示拍摄信息。在详细信息界面中，按▲、▼可切换显示信息

按 按钮，可以调出删除选择界面

Q：出现"无法回放图像"消息提示时怎么办？

A：在相机中回放图像时，如果出现"无法回放图像"消息提示，可能有以下几方面原因。

● 存储卡中的图像已导入计算机并进行了编辑处理，然后又写回了存储卡。

● 正在尝试回放非松下相机拍摄的图像。

● 存储卡出现故障。

利用闪烁高亮避免照片过曝

选择"闪烁高亮"菜单中的"ON"选项，可以帮助用户发现所拍摄照片中曝光过度的区域，这些区域会在播放照片时，以黑白交替闪烁的形式显示。在这种情况下，如果想要表现曝光过度区域的细节，就需要适当减少曝光。

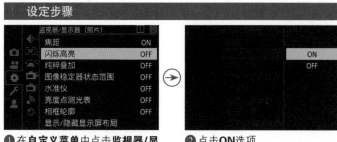

❶在**自定义菜单**中点击**监视器/显示器（照片）**图标，然后点击**闪烁高亮**选项

❷点击ON选项

从AF点放大

在"从AF点放大"菜单中选择"ON"选项，则回放照片时会显示对焦点，并且在放大图像时，会放大对焦点区域，如果发现焦点不准确时可以重新拍摄。

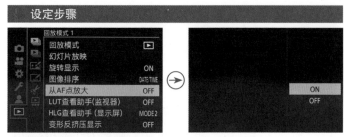

❶在**回放菜单**中点击**回放模式1**图标，然后点击**从AF点放大**选项

❷点击ON选项

回放模式

在"回放模式"菜单中，可以设置回放照片时的显示模式。

选择"标准回放"选项，即所有类型的照片或视频都可以回放；选择"仅图像"选项，则只显示照片，不会显示视频。选择"仅动画"选项，则只显示视频，不会显示照片；选择"评级"选项，则显示评级的照片，需要勾选显示的等级，然后按DISP按钮。

❶在**回放菜单**中点击**回放模式**图标，然后点击**回放模式**选项

❷点击选择所需的选项

处理 RAW 图像

在松下 DC-S5M2 相机中，可以用相机处理 RAW 照片的亮度、饱和度、白平衡、照片格调、降噪等设置，并存储为 JPEG 格式。

设定步骤

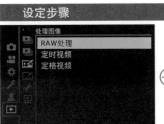

❶ 在**回放菜单**中点击**处理图像**图标，然后点击**RAW处理**选项

❷ 在此界面中可以左右滑动选择要编辑的照片，然后点击右下角的设置图标

❸ 在左侧的选项栏上下滑动选择要编辑的选项，例如此处选择了**白平衡**选项

❹ 左右滑动选择所需的白平衡模式

❺ 选择 LUT 选项

❻ 在此可以选择 LUT 文件

❼ 点击**更多设置**选项

❽ 可以设置**色彩空间**、**图像尺寸**、**目标卡槽**选项，或者将照片恢复原状

❾ 修改完成后，点击**开始处理**选项

高手点拨：在"RAW处理"菜单中可以设置的选项取决于所选的照片格调模式。

❿ 会显示修改前后的对比效果，点击**是**选项，即可另存为新文件

第3章

必须掌握的曝光、对焦操作方法及菜单选项

调整光圈控制曝光与景深

光圈的结构

光圈是相机镜头内部的一个组件，它由许多金属薄片组成，金属薄片不是固定的，通过改变它的开启程度可以控制进入镜头光线的多少。光圈开启得越大，通光量就越多；光圈开启得越小，通光量就越少。摄影师可以仔细观察镜头在选择不同光圈时叶片大小的变化。

高手点拨：虽然光圈数值是在相机上设置的，但其可调节的范围是由镜头决定的，即镜头支持的最大及最小光圈，就是在相机上可以设置的上限和下限。镜头可支持的光圈越大，则在同一时间内就可以吸收更多的光线，从而允许摄影师在更暗的环境中进行拍摄，光圈越大的镜头，价格也越贵。

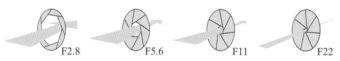

▲ 光圈是控制相机通光量的装置，光圈越大（F2.8），通光量越多；光圈越小（F22），通光量越少。

▲ 松下 L 卡口 50mm F1.4

▲ 松下 L 卡口 24 ~ 70mm F2.8

▲ 松下 L 卡口 20 ~ 60mm F3.5 ~ F5.6

在上面展示的 3 款镜头中，松下 L 卡口 50mm F1.4 是定焦镜头，其最大光圈为 F1.4；松下 L 卡口 24 ~ 70mm F2.8 为恒定光圈的变焦镜头，无论使用哪一个焦段进行拍摄，其最大光圈都能够达到 F2.8；松下 L 卡口 20 ~ 60mm F3.5 ~ F5.6 是浮动光圈的变焦镜头，当使用镜头的广角端（20mm）拍摄时，最大光圈可以达到 F3.5，使用镜头的长焦端（60mm）拍摄时，最大光圈只能够达到 F5.6。

同样，上述 3 款镜头也均有最小光圈值，例如，松下 L 卡口 50mm F1.4 镜头的最小光圈为 F16，松下 L 卡口 20 ~ 60mm F3.5 ~ F5.6 镜头的最小光圈为 F22。

▲ 从镜头的底部可以看到镜头内部的光圈金属薄片

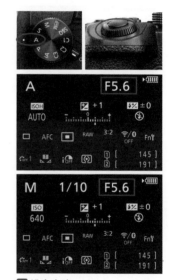

▣ 设定方法

转动模式拨盘选择 A 光圈优先或 M 全手动曝光模式。在使用 A 挡光圈优先曝光模式拍摄时，通过转动前拨盘或后拨盘来调整光圈；在使用 M 挡全手动曝光模式拍摄时，可通过转动前拨盘来调整光圈

光圈值的表现形式

　　光圈值用字母 F 或 f 表示，如 F8（或 f/8）。常见的光圈值有 F1.4、F2.8、F4、F5.6、F11、F16、F22、F32、F36 等，光圈每递进一挡，光圈口径就会缩小一部分，通光量也随之减半。例如，F5.6 光圈的进光量是 F8 的两倍。常见的光圈数值还有 F1.2、F2.2、F2.5、F6.3 等，但这些数值不包含在光圈正级数之内，这是因为各镜头厂商都在每级光圈之间插入了 1/2（如 F1.2、F1.8 等）和 1/3（如 F1.1、F1.2、F1.6 等）变化的副级数光圈，以便更加精确地控制曝光程度，使画面的曝光更加准确。

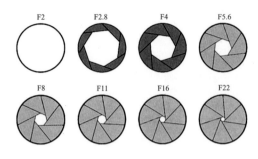

▲ 不同光圈值下镜头通光口径的变化

▲ 光圈级数刻度示意图，上排为光圈正级数，下排为光圈副级数

光圈对成像质量的影响

　　通常情况下，摄影师都会选择比镜头最大光圈小一至两挡的中等光圈，因为大多数镜头在中等光圈下的成像质量最佳，照片的色彩和层次都能有更好的表现。例如，一只最大光圈为 F2.8 的镜头，其最佳成像光圈为 F5.6 ~ F8。另外，也不能使用过小的光圈，因为过小的光圈会使光线在镜头中产生衍射效应，导致画面质量下降。

　　Q：什么是衍射效应？

　　A：衍射是指当光线穿过镜头光圈时，光在传播的过程中发生弯曲的现象。光线通过的孔隙越小，光的波长越长，这种现象就越明显。因此，在拍摄时光圈收得越小，在被记录的光线中衍射光所占的比例就越大，画面的细节损失就越多，画面越不清晰。衍射效应对 APS-C 画幅数码相机和全画幅数码相机的影响程度稍有不同，通常 APS-C 画幅数码相机在光圈缩小到 F11 时，就能发现衍射效应对画质产生的影响；而全画幅数码相机在光圈缩小到 F16 时，才能够看到衍射效应对画质产生的影响。

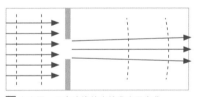

↑ 大光圈：只有边缘的光线发生了弯曲

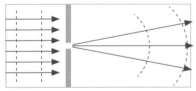

↑ 小光圈：光线衍射明显，降低解像度

光圈对曝光的影响

如前所述，在其他参数不变的情况下，光圈增大一挡，则曝光量增加一倍。例如，光圈从 F4 增大至 F2.8，即可增加一倍的曝光量；反之，光圈减小一挡，则曝光量也随之减少一半。换而言之，光圈开得越大，通光量就越多，所拍摄出来的照片也越明亮；光圈开得越小，通光量就越少，拍摄出来的照片也越暗淡。

下面是一组在焦距为 35mm、快门速度为 1/20s、感光度为 ISO200 的特定参数下，只改变光圈值所拍摄的照片。

▲ 光圈：F10

▲ 光圈：F7.1

▲ 光圈：F5.6

▲ 光圈：F2.8

通过将这一组照片进行对比可以看出，在其他曝光参数不变的情况下，随着光圈逐渐变大，进入镜头的光线不断增多，因此所拍摄出来的画面也逐渐变亮。

景深

简单来说，景深即指对焦位置前后的清晰范围。清晰范围越大，表示景深越大；反之，清晰范围越小，表示景深越小，画面的虚化效果就越好。

景深的大小与光圈、焦距及拍摄距离这三个要素密切相关。

当拍摄者与被摄对象之间的距离非常近时，或者使用长焦距或大光圈拍摄时，都能得到对比强烈的背景虚化效果。

反之，当拍摄者与被摄对象之间的距离较远，或者使用小光圈或较短焦距拍摄时，画面的虚化效果就会较差。

另外，被摄对象与背景之间的距离也是影响背景虚化的重要因素，当被摄对象距离背景较近时，即使使用 F1.8 的大光圈也不能得到很好的背景虚化效果。

但被摄对象距离背景较远时，即使使用 F8 的小光圈，也能获得较明显的虚化效果。

▲ 这张图前景和背景都非常清晰，是大景深效果『焦距：17mm ┊ 光圈：F14 ┊ 快门速度：1/40s ┊ 感光度：ISO200 』

▲ 这张图人物清晰而背景虚化，是小景深效果『焦距：85mm ┊ 光圈：F2.5 ┊ 快门速度：1/250s ┊ 感光度：ISO100 』

Q：什么是景深？

A：景深是指照片中某个景物清晰的范围。即当摄影师将镜头对焦于某个点并拍摄后，在照片中与该点处于同一平面的景物都是清晰的，而位于该点前方和后方的景物则由于没有对焦，因此都是模糊的。但由于人眼不能精确地辨别焦点前方和后方出现的轻微模糊，这部分图像看上去仍然是清晰的，这种清晰会一直在照片中向前、向后延伸，直至景物看上去模糊到不可接受，而这个可接受的清晰范围，就是景深。

Q：什么是焦平面？

A：如前所述，当摄影师将镜头对焦于某个点拍摄时，在照片中与该点处于同一平面的景物都是清晰的，而位于该点前方和后方的景物则都是模糊的，这个清晰的平面就是成像焦平面。如果摄影师的相机位置不变，当被摄对象在可视区域内向焦平面做水平运动时，成像始终是清晰的；但如果其向前或向后移动，则由于脱离了成像焦平面，就会出现一定程度的模糊，景物模糊的程度与其距焦平面的距离成正比。

▲ 对焦点在中间的财神爷玩偶上，但由于另外两个玩偶与其在同一个焦平面上，因此 3 个玩偶都是清晰的

▲ 对焦点仍然在中间的财神爷玩偶上，但由于另外两个玩偶与其不在同一个焦平面上，因此另外两个玩偶是模糊的

光圈对景深的影响

　　光圈是控制景深（背景虚化程度）的重要因素。即在相机焦距不变的情况下，光圈越大，景深越小；反之，光圈越小，景深越大。如果在拍摄时想通过控制景深来使自己的作品更有艺术效果，就要学会合理使用大光圈和小光圈。

　　在包括松下 DC-S5M2 在内的所有数码微单相机中，都有光圈优先曝光模式，配合上面的理论，通过调整光圈数值的大小，即可拍摄出不同的对象或表现不同的主题。

　　例如，大光圈主要用于人像摄影、微距摄影，通过虚化背景来突出主体；小光圈主要用于风景摄影、建筑摄影、纪实摄影等，以便使画面中的所有景物都能清晰地呈现。

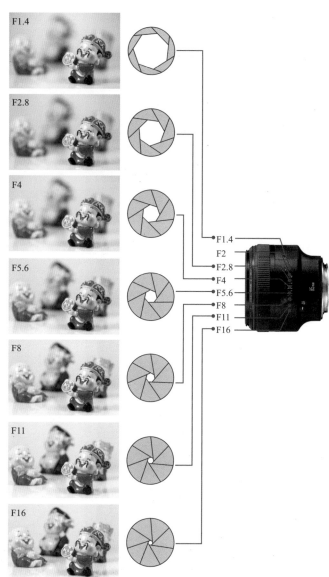

▲ 从示例图中可以看出，当光圈从 F1.4 逐渐缩小到 F16 时，画面的景深逐渐变大，画面背景处的玩偶就越清晰

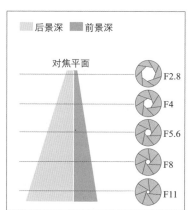

▲ 从示例图中可以看出，光圈越大，前、后景深越小；光圈越小，前、后景深越大，其中，后景深又是前景深的两倍

焦距对景深的影响

　　在其他条件不变的情况下，拍摄时所使用的焦距越长，画面的景深越小，可以得到更强烈的虚化效果；反之，焦距越短，则画面的景深越大，越容易呈现前后都清晰的画面效果。

▲ 通过使用从广角到长焦的焦距拍摄的花卉照片对比可以看出，焦距越长，画面的景深越小，主体越清晰

高手点拨：焦距越短，视角越广，其透视变形也越严重，而且越靠近画面边缘，变形就越严重，因此在构图时要特别注意这一点。尤其在拍摄人像时，要尽可能地将肢体置于画面的中间位置，特别是人物的面部，以免发生变形而影响美观。另外，对于定焦镜头，只能通过前后的移动来改变相对的"焦距"，即画面的取景范围，拍摄者越靠近被摄对象，就相当于使用了更长的焦距，此时同样可以得到更小的景深。

拍摄距离对景深的影响

在其他条件不变的情况下，拍摄者与被摄对象之间的距离越近，越容易得到小景深的虚化效果；反之，如果拍摄者与被摄对象之间的距离较远，则不容易得到虚化效果。

这一点在使用微距镜头拍摄时体现得更为明显，当镜头离被摄体很近时，画面中的清晰范围就变得非常小。因此，在摄影人像时，为了获得较小的景深，经常采取靠近被摄者拍摄的方法。

下面为一组在所有拍摄参数都不变的情况下，只改变镜头与被摄对象之间的距离时拍摄的照片。

通过左侧展示的一组照片可以看出，当镜头距离前景位置的玩偶越远时，其背景的模糊效果也越差。

背景与被摄对象的距离对景深的影响

在其他条件不变的情况下，画面中的背景与被摄对象的距离越远，则越容易得到小景深的虚化效果；反之，如果画面中的背景与被摄对象位于同一个焦平面上，或者非常靠近，则不容易得到虚化效果。

左图所示为在所有拍摄参数都不变的情况下，只改变被摄对象距离背景的远近拍出的照片。

通过左侧展示的一组照片可以看出，在镜头位置不变的情况下，随着前面的木偶距离背景中的两个木偶越来越近，背景中木偶的虚化程度也越来越低。

设置快门速度控制曝光时间

快门与快门速度的含义

简单来说，快门的作用就是控制曝光时间的长短。在按动快门按钮时，从快门前帘开始移动到后帘结束所用的时间就是快门速度，这段时间实际上也就是电子感光元件的曝光时间。所以快门速度决定曝光时间的长短，快门速度越快，曝光时间就越短，曝光量也就越少；快门速度越慢，则曝光时间就越长，曝光量也就越多。

快门速度的表示方法

快门速度以秒为单位，松下 DC-S5M2 作为全画幅数码微单相机，其快门速度范围为 1/8000 ~ 60s，可以满足几乎所有题材的拍摄要求。

常见的快门速度有 30s、15s、8s、4s、2s、1s、1/2s、1/4s、1/8s、1/15s、1/30s、1/60s、1/125s、1/250s、1/500s、1/1000s、1/2000s、1/4000s 等。

设置快门释放模式

松下 DC-S5M2 提供了机械快门、电子前帘快门和电子快门三种快门模式，可以通过"快门类型"菜单来选择。

选择"MECH."选项，可以激活机械快门，当使用大光圈进行拍摄时，建议使用此模式；选择"EFC"选项，拍摄时使用电子前帘开始曝光，以机械快门结束曝光，在高速连拍模式下，可以获得比机械快门更快的连拍速度；选择"ELEC."选项，使用电子快门开始和结束曝光。选择"ELEC.+NR"选项，使用电子快门拍摄，但在以低速快门速度拍摄照片时，拍摄后进行慢速快门降噪。

Q：什么是电子快门，什么是电子前帘快门？

A：简单来说，电子快门是通过开启和关闭相机的影像传感器电路来完成曝光的，因此，电子快门可以最大限度地降低快门声音及产生的振动，但在荧光灯或闪烁光源下使用时，图片上会出现不同亮度级别的水平条带（斑马条纹）。电子前帘快门是机械快门和电子快门的混合体，在这个模式下，快门的前帘和后帘开合动作，将分别由电子快门（前帘）和机械快门（后帘）来完成，可以避免机身震动，减轻避免果冻现象和闪烁光源造成的"斑马条纹"现象。

▶ 设定方法

转动模式拨盘选择 M 全手动或 S 快门优先曝光模式。在使用 S 挡拍摄时，转动前拨盘或后拨盘整快门速度数值，在使用 M 挡拍摄时，转动后拨盘整快门速度数值

❶ 在**照片菜单**中点击**其他（照片）1** 图标，然后点击**快门类型**选项

❷ 点击选择所需的选项

快门速度对曝光的影响

如前面所述，快门速度的快慢决定了曝光量的多少。在其他条件不变的情况下，快门速度每变化一倍，曝光量也会变化一倍。例如，当快门速度由 1/125s 变为 1/60s 时，由于快门速度慢了一半，曝光时间增加了一倍，因此总的曝光量也随之增加了一倍。从下面展示的一组照片中可以发现，在光圈与 ISO 感光度数值不变的情况下，快门速度越慢，曝光时间越长，画面感光越充分，画面也就越亮。

下面是一组在焦距为 100mm、光圈为 F5、感光度为 ISO100 的特定参数下，只改变快门速度所拍摄的照片。

▲ 快门速度：1/125s

▲ 快门速度：1/100s

▲ 快门速度：1/80s

▲ 快门速度：1/60s

▲ 快门速度：1/40s

▲ 快门速度：1/30s

▲ 快门速度：1/25s

▲ 快门速度：1/20s

通过这一组照片可以看出，在其他曝光参数不变的情况下，随着快门速度逐渐变慢，进入镜头的光线不断增多，因此所拍摄出来的画面也逐渐变亮。

影响快门速度的三大要素

影响快门速度的要素包括光圈、感光度及曝光补偿，它们对快门速度的具体影响如下。

● 感光度：感光度每增加一倍（如从 ISO100 增加到 ISO200），感光元件对光线的敏锐度会随之增加一倍，同时，快门速度也会随之提高一倍。

● 光圈：光圈每提高一挡（如从 F4 增加到 F2.8），则快门速度提高一倍。

● 曝光补偿：曝光补偿数值每增加一挡，由于需要更长时间的曝光来提亮照片，因此快门速度将降低一半；反之，曝光补偿数值每降低一挡，由于照片不需要更多的曝光，因此快门速度可以提高一倍。

快门速度对画面效果的影响

快门速度不仅会影响相机进光量，还会影响画面的动感效果。当表现静止的景物时，快门的快慢对画面不会有什么影响，除非摄影师在拍摄时有意摆动镜头；但当表现动态的景物时，不同的快门速度能够营造出不一样的画面效果。

右侧照片是在焦距和感光度都不变的情况下，将快门速度依次调慢所拍摄的。对比这一组照片，可以看到，当快门速度较快时，水流被定格成相对清晰的影像；但当快门速度逐渐降低时，流动的水流在画面中会渐渐产生模糊的效果。

由此可见，如果希望在画面中凝固运动着的拍摄对象的精彩瞬间，应该使用高速快门。拍摄对象的运动速度越高，采用的快门速度也要越快，以便在画面中凝固运动对象，形成一种时间突然停滞的静止效果。

如果希望在画面中表现动态模糊效果，可以使用低速快门，按此方法拍摄流水、夜间的车流轨迹、风中摇摆的植物、流动的人群等，均能获得画面效果流畅、生动的照片。

▲ 光圈：F2.8 快门速度：1/80s 感光度：ISO50

▲ 光圈：F9 快门速度：1/8s 感光度：ISO50

▲ 光圈：F14 快门速度：1/3s 感光度：ISO50

▲ 光圈：F20 快门速度：0.8s 感光度：ISO50

▲ 光圈：F22 快门速度：1s 感光度：ISO50

▲ 光圈：F25 快门速度：1.3s 感光度：ISO50

▲ 采用高速快门定格住女孩的舞蹈动作『焦距：50mm ┊ 光圈：F4 ┊ 快门速度：1/500s ┊ 感光度：ISO200』

▲ 采用低速快门记录夜间的车流轨迹『焦距：24mm ┊ 光圈：F16 ┊ 快门速度：20s ┊ 感光度：ISO100』

依据对象的运动情况设置快门速度

在设置快门速度时，应综合考虑被拍摄对象的运动速度、运动方向，以及摄影师与被摄对象之间的距离这三个基本要素。

被拍摄对象的运动速度

不同的照片表现形式，拍摄时所需要的快门速度也不尽相同。例如，抓拍物体运动的瞬间，需要使用较高的快门速度；而如果是跟踪拍摄，则对快门速度的要求就比较低了。

▲ 趴着的猫处于静止状态，因此无须太高的快门速度『焦距：85mm ┆光圈：F2.8 ┆快门速度：1/200s ┆感光度：ISO100』

▲ 奔跑中的狗的运动速度很快，因此需要较高的快门速度才能将其清晰地定格在画面中『焦距：200mm ┆光圈：F6.3 ┆快门速度：1/1000s ┆感光度：ISO320』

被拍摄对象的运动方向

如果从运动对象的正面拍摄（通常是角度较小的斜侧面），能够表现出对象从小变大的运动过程，此时需要的快门速度通常要低于从侧面拍摄；只有从侧面拍摄才会感受到被拍摄对象真正的速度，拍摄时需要的快门速度也就更高。

▶ 从正面或斜侧面角度拍摄运动对象时，速度感不强『焦距：70mm ┆光圈：F3.2 ┆快门速度：1/1000s ┆感光度：ISO400』

▲ 从侧面拍摄运动对象时，速度感很强『焦距：40mm ┆光圈：F2.8 ┆快门速度：1/1250s ┆感光度：ISO400』

摄影师与被拍摄对象之间的距离

无论是身体靠近运动对象，还是使用镜头的长焦端，画面中的运动对象越大、越具体，拍摄对象的运动速度就相对越高，拍摄时需要不停地移动相机。略有不同的是，如果是身体靠近运动对象，则需要较大幅度地移动相机；而使用镜头的长焦端，只需小幅度地移动相机，就能够保证被摄对象一直处于画面之中。

从另一个角度来说，如果将视角变得更广阔一些，就不用为了将运动对象融入画面中而费力地紧跟着被摄对象，比如使用镜头的广角端拍摄，就更容易抓拍到被摄对象运动的瞬间。

▲ 使用广角镜头抓拍到的现场整体气氛『焦距：28mm ¦ 光圈：F9 ¦ 快门速度：1/200s ¦ 感光度：ISO200 』

▶ 长焦镜头注重表现单个主体，对瞬间的表现更加明显『焦距：400mm ¦ 光圈：F7.1 ¦ 快门速度：1/640s ¦ 感光度：ISO200 』

常见快门速度的适用拍摄对象

以下是一些常见快门速度的适用拍摄对象，虽然在拍摄时并非一定要用快门优先曝光模式，但首先对一般情况有所了解，才能找到最适合表现不同拍摄对象的快门速度。

快门速度（秒）	适用范围
B门	适合拍摄夜景、闪电、车流等。其优点是摄影师可以自行控制曝光时间，缺点是当不知道当前场景需要多长时间才能正常曝光时，容易出现曝光过度或不足的情况，此时需要摄影师多做尝试，直至得到满意的效果
1 ~ 30	在拍摄夕阳、天空仅有少量微光的日落后及日出前后时，都可以使用光圈优先曝光模式或手动曝光模式进行拍摄，很多优秀的夕阳作品都诞生于这个曝光区间。使用1s ~ 5s的快门速度，也能够将瀑布或溪流拍摄出如同丝绸一般的梦幻效果
1 和 1/2	适合在昏暗的光线下，使用较小的光圈获得足够的景深，通常用于拍摄稳定的对象，如建筑、城市夜景等
1/30	在使用标准镜头或广角镜头拍摄风光、建筑室内时，该快门速度可被视为拍摄时最低的快门速度
1/60	对于标准镜头而言，该快门速度可以保证在各种场合进行拍摄
1/125	这一挡快门速度非常适合在户外阳光明媚时使用，同时也能够拍摄运动幅度较小的物体，如行走的人
1/250	适合拍摄中等运动速度的拍摄对象，如游泳运动员、跑步的人或棒球活动等
1/500	该快门速度已经可以抓拍一些运动速度较快的对象，如行驶的汽车、快速跑动的运动员、奔跑的马等
1/1000 ~ 1/4000	该快门速度区间已经可以用于拍摄一些极速运动的对象，如赛车、飞机、足球运动员、飞鸟及瀑布飞溅出的水花等

安全快门速度

　　简单来说，安全快门是指人在手持拍摄时能保证画面清晰的最低快门速度。这个快门速度与镜头的焦距有很大关系，即手持相机拍摄时，快门速度应不低于焦距的倒数。

　　比如相机焦距为 70mm，拍摄时的快门速度应不低于 1/80s。这是因为人在手持相机拍摄时，即使被拍摄对象待在原处纹丝未动，也会因为拍摄者自身的抖动而导致画面模糊。

▼ 虽然是拍摄静态的玩偶，但由于光线较弱，导致快门速度低于安全快门速度，因此拍摄出来的玩偶是比较模糊的『焦距：100mm ┊光圈：F2.8 ┊快门速度：1/50s ┊感光度：ISO200』

▲ 拍摄时提高了感光度数值，因此能够使用更高的快门速度，以确保拍出来的照片足够清晰『焦距：100mm ┊光圈：F2.8 ┊快门速度：1/160s ┊感光度：ISO800』

高手点拨：要拍摄更清晰的影像，可以考虑使用后面将要讲到的"影像稳定器模式"功能。

防抖技术对快门速度的影响

▲ 带有图像稳定器的松下镜头

松下的防抖系名称为 POWER O.I.S.，可保证在使用低于安全快门4 倍的快门速度拍摄时也能获得清晰的影像。在使用时还要注意以下几点。

●防抖系统成功校正抖动是有一定概率的，这还与个人的手持能力有很大关系。通常情况下，使用低于安全快门2 倍以内的快门速度拍摄时，成功校正的概率会比较高。

●当快门速度高于安全快门1 倍以上时，建议关闭防抖系统，否则防抖系统的校正功能可能会影响原本清晰的画面，导致画质下降。

●在使用三脚架保持相机稳定时，建议关闭防抖系统。因为在使用三脚架时，不存在手抖的问题，而开启了防抖功能后，其微小的晃动反而会造成图像质量下降。值得一提的是，很多防抖镜头同时还带有三脚架检测功能，即它可以检测到三脚架细微晃动造成的抖动并进行补救，因此，在使用这种镜头拍摄时，则不应关闭防抖功能。

Q：O.I.S. 功能是否能够代替较高的快门速度？

A：虽然在弱光条件下拍摄时，具有 O.I.S. 功能的镜头允许摄影师使用更低的快门速度，但实际上 O.I.S. 功能并不能代替较高的快门速度。要想得到出色的高清晰度照片，仍然需要用较高的快门速度来捕捉瞬间的动作。不管 O.I.S. 功能有多么强大，只有使用高速快门才能清晰地捕捉到快速移动的被摄对象，这一原则是不会改变的。

防抖技术的应用

虽然防抖技术会对照片的画质产生一定的负面影响，但是在拍摄光线较弱时，为了得到清晰的画面，它又是必不可少的。例如，在拍摄动物时常常会使用 400mm 的长焦镜头，这就要求相机的快门速度必须保持在1/400s 的安全快门速度以上，光线略有不足就很容易把照片拍虚，这时使用防抖功能就几乎成了唯一的选择。

▲ 在使用长焦镜头拍摄鸟类时，启用防抖功能可以减少画面模糊的情况
『焦距：200mm ┊ 光圈：F6.3 ┊ 快门速度：1/400s ┊ 感光度：ISO200』

图像稳定器

当在松下 DC-S5M2 相机上安装不具有 O.I.S. 功能的镜头时，可以启用相机的图像稳定器功能，这样即使镜头不具备防抖功能，也能实现稳定效果。

设定步骤

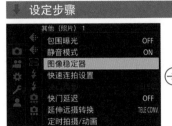  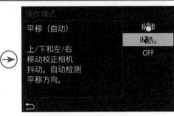

❶ 在**照片菜单**中点击**其他（照片）1** 图标，然后点击**图像稳定器**选项

❷ 点击**操作模式**选项

❸ 点击选择所需的选项

  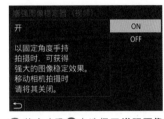

❹ 若在步骤❷中选择了**何时激活**选项，在此可以选择 **ALWAYS** 和 **HALF-SHUTTER** 选项

❺ 若在步骤❷中选择了**电子防抖（视频）**选项，在此可以选择 **ON** 和 **OFF** 选项

❻ 若在步骤❷中选择了**增强图像稳定器（视频）**选项，在此可以选择 **ON** 和 **OFF** 选项

● 操作模式：选择"通常"选项，可以补正相机垂直、水平和旋转晃动，适合正常拍摄时设置。选择"平移（自动）"选项，相机自动检测出摇摄方向，并补正相机垂直和水平晃动，适合摇摄时设置。选择"平移（左 / 右）"选项，可以补正相机垂直晃动，适合水平摇摄设置。选择"平移（上 / 下）"选项，可以补正相机水平晃动，适合垂直摇摄时设置。选择"OFF"选项，则可关闭图像稳定功能。

● 何时激活：选择"ALWAYS"选项，图像稳定器功能始终运行，选择"HALF-SHUTTER"选项，半按快门按钮时，图像稳定器功能运行。

● 电子防抖（视频）：选择"ON"选项后，可以组合使用镜头内、机身内图像稳定器和电子图像稳定器，补正视频录制时的上下方向、左右方向、旋转轴、纵旋转和水平旋转的相机抖动，即 5 轴混合图像稳定器，不过拍摄视角会变窄。

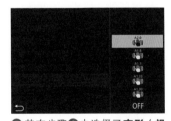

❼ 若在步骤❷中选择了**变形（视频）**选项，在此可以选择所需选项

● 增强图像稳定器（视频）：选择"ON"选项后，在视频录制过程中，增加图像稳定器的效果，当从固定视角拍摄时，有助于提供稳定的画面。

● 变形（视频）：选择相应的倍数选项，则可以切换到适合录制该倍数变形视频的图像稳定器工作模式。

图像稳定器状态范围

在开启"图像稳定器"功能和镜头O.I.S.开关为ON状态时，可以开启"图像稳定器状态范围"功能，当启用此功能后，可以在拍摄画面上显示基准点以检查相机是否摇晃。

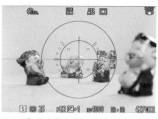
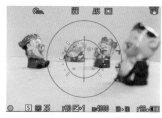

❶ 在**自定义菜单**中点击**监视器/显示器（照片）**图标，然后点击**图像稳定器状态范围**选项

❷ 点击 **ON** 选项

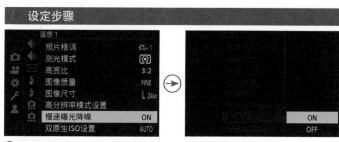

▲ 正常状态的显示，基准点在中心　　▲ 相机摇晃时，基准点偏离中心

慢速曝光降噪功能

曝光的时间越长，产生的噪点就越多，此时便可启用"慢速曝光降噪"功能消减画面中的噪点。

● OFF：选择此选项，在任何情况下都不执行长时间曝光降噪功能。

● ON：选择此选项，在长时间曝光拍摄时对画面进行降噪处理。

高手点拨：降噪处理需要时间，而这个时间可能与拍摄时间相同。因此，通常情况下建议将它关闭，在需要进行长时间曝光拍摄时再开启。

❶ 在**照片菜单**中点击**画质1**图标，然后点击**慢速曝光降噪**选项

❷ 点击 **ON** 选项

▲ 左图是未设置长时间曝光降噪功能时的局部画面，右图是启用了该功能后的局部画面，可以发现画面中的杂色及噪点都明显减少，但同时也损失了一定的细节

设置 ISO 控制照片品质

理解感光度

数码相机的感光度概念是从传统胶片感光度引入的，用于表示感光元件对光线的感光敏锐程度，即在相同条件下，感光度越高，获得光线的数量也就越多。需要注意的是，感光度越高，产生的噪点就越多；而低感光度画面则清晰、细腻，细节表现较好。

松下 DC-S5M2 作为全画幅微单相机，在感光度的控制方面非常优秀。其常用感光度范围为 ISO100 ~ ISO51200，并可以向下扩展至 L（相当于 ISO50），向上扩展至 H（相当于 ISO204800）。在光线充足的情况下，一般使用 ISO100 拍摄即可。

对于松下 DC-S5M2 相机来说，使用 RAW 格式拍摄，当感光度在 ISO6400 以下时，均能获得出色的画质；当感光度在 ISO6400 ~ ISO12800 之间时，松下 DC-S5M2 的画质比低感光度时略有降低，但仍可以用良好来形容；当感光度增至 ISO12800 以上时，虽然画面的细节还比较好，但已经有明显的噪点了，尤其在弱光环境下表现得更为明显；当感光度增至 ISO51200 时，画面中的噪点和色散已经变得非常严重，因此，除非必要，一般不建议使用 ISO6400 以上的感光度数值。

▶ 设定方法
按下 ISO 按钮，旋转后拨盘选择感光度值，半按快门按钮确认选择

感光度的设置原则

感光度除了对曝光产生影响外，对画质也有极大的影响，即感光度越低，画质就越好；反之，感光度越高，就越容易产生噪点、杂色，画质就越差。

在条件允许的情况下，建议采用松下 DC-S5M2 基础感光度中的最低值，即 ISO100，这样可以在最大程度上保证得到较高的画质。

需要特别指出的是，在光线充足与不足的情况下分别拍摄时，即使设置相同的 ISO 感光度，在光线不足时拍出的照片中也会产生更多噪点，如果此时再使用较长的曝光时间，那么就更容易产生噪点。因此，在弱光环境中拍摄时，更需要设置低感光度，并配合高 ISO 感光度降噪和长时间曝光降噪功能来获得较高的画质。

当然，低感光度的设置，尤其是在光线不足的情况下，可能会导致快门速度过低，在手持拍摄时很容易由于手的抖动而导致画面模糊。此时，应该果断提高感光度，即优先保证能够成功地完成拍摄，然后再考虑高感光度给画质带来的损失。因为画质损失可通过后期处理来弥补，而画面模糊则意味着拍摄失败，是无法补救的。

▲ 光线充足的情况下，设置 ISO100 能够得到细腻的画质『焦距：50mm │光圈：F3.2 │快门速度：1/400s │感光度：ISO100』

ISO 数值与画质的关系

松下 DC-S5M2 相机使用 ISO6400 以下的感光度拍摄时，均能获得优秀的画质；使用 ISO6400 ~ ISO12800 之间的感光度拍摄时，虽然画质要比低感光度时略有降低，但是仍然很优秀。

如果从实用角度来看，使用 ISO3200 和 ISO6400 拍摄的照片细节完整、色彩生动，如果不是放大到 100% 进行查看，与使用较低感光度拍摄的照片并无明显区别。但是对于一些对画质要求较为苛刻的用户来说，ISO6400 能保证较好画质的最高感光度。使用高于 ISO6400 的感光度拍摄时，虽然整个照片没有过多杂色，但是照片细节上的缺失通过大屏幕显示器观看时就能感觉到。

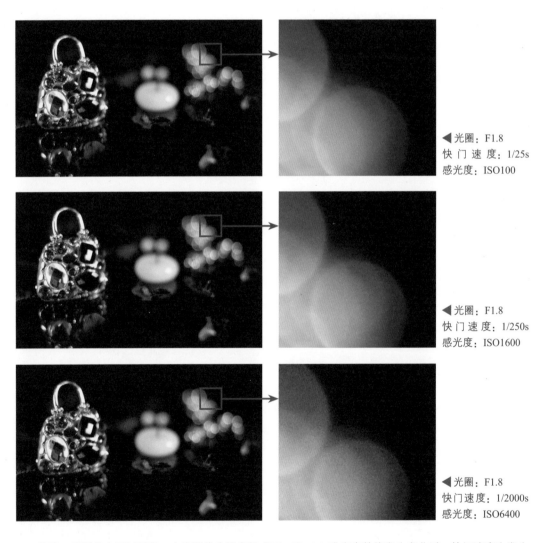

◀光圈：F1.8
快门速度：1/25s
感光度：ISO100

◀光圈：F1.8
快门速度：1/250s
感光度：ISO1600

◀光圈：F1.8
快门速度：1/2000s
感光度：ISO6400

从这一组照片中可以看出，在光圈优先曝光模式下，当 ISO 感光度数值发生变化时，快门速度也发生了变化，因此照片的整体曝光量并没有改变。但仔细观察细节可以看出，照片的画质随着 ISO 数值的增大而逐渐变差。

感光度对曝光效果的影响

作为控制曝光的三大要素之一，其他条件不变时，感光度每增加一挡，感光元件对光线的敏锐度会随之提高一倍，即增加一倍的曝光量；反之，感光度每减少一挡，则减少一半的曝光量。

更直观地说，感光度的变化直接影响光圈或快门速度的设置，以 F5.6、1/200s、ISO400 的曝光组合为例，在保证被摄体正确曝光的前提下，如果要改变快门速度并使光圈数值保持不变，可以通过提高或降低感光度来实现。快门速度提高一倍

（变为 1/400s），则可以将感光度提高一倍（变为 ISO800）；如果要改变光圈值而保证快门速度不变，同样可以通过调整感光度数值来实现，例如，如果要增加两挡光圈（变为 F2.8），则可以将 ISO 感光度数值降低两挡（变为 ISO100）。

下面是一组在焦距为 50mm、光圈为 F7.1、快门速度为 1/30s 的特定参数下，只改变感光度数值拍摄的照片。

从这组照片中可以看出，当其他曝光参数不变时，ISO 感光度的数值越大，照片也就越明亮。

什么是自动感光度

自动感光度是指由用户设置一个 ISO 感光度范围，在拍摄时如果相机通过测光得到的曝光参数低于正常曝光，则相机会在此范围内选择更高的 ISO，以获得正常曝光。将 ISO 感光度设置为"AUTO"选项，即切换到自动感光度。

自动感光度的应用场景

自动感光度的典型应用，是环境光线变化比较快的拍摄场景，例如，在跟拍婚礼时，有时会在室外明亮的环境中，此时可使用光圈优先模式，设置大光圈和低感光度能得到较快的快门速度，能保证画面的清晰度，但有时又在室内或者昏暗的舞台环境中，此时同样设置大光圈和低感光度，快门速度可能只有 1/40s 或更低，并不能保证画面的清晰度，这种情况下，必须要提高感光度值来保证较高快门速度，但是婚礼中人物的动作和表情都是实时的，如果摄影师经常设置感光度，容易错失拍摄时机，为了更好更快地抓拍这些精彩瞬间画面，由相机自动控制感光度既可以保证画面的曝光和画质，摄影师也不用因经常调整感光度而错失拍摄时机。

自动感光度的另一种典型应用是拍摄时间较短的场景，例如，在拍摄赛场上的运动员、节日街拍等场景时，虽然光线变化没有那么多样化，但是精彩的画面往往转瞬即逝，这种情况下，由相机自动控制感光度，摄影师以抓拍到为原则。

自动感光度的使用方法

按下 ISO 按钮，旋转后拨盘选择"AUTO"选项即启用自动感光度功能。在自动感光度下，用户需要设置由相机自动选择感光度的范围及最低快门速度值。

▶ 设定方法
按下 ISO 按钮，旋转后拨盘选择
AUTO，半按快门按钮确认选择

▲ 节日街拍时，设为自动感光度，由相机完全控制曝光，摄影师可以更好地专注抓拍『焦距：200mm ¦ 光圈：F7.1 ¦ 快门速度：1/500s ¦ 感光度：ISO200』

设置自动感光度范围

当 ISO 感 光 度 设 置 为 "AUTO"时，在"ISO 感光度（照片）"菜单中，可以设置自动 ISO 感光度的范围，相机可以在 ISO100 ~ ISO25600 范围内设定感光度的下限，在 ISO200 ~ ISO51200 的范围内设定感光度的上限。

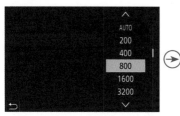

❶ 在**照片菜单**中点击**画质 2** 图标，然后点击 **ISO 感光度（照片）**选项

❷ 点击 **ISO 自动下限设置**选项

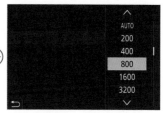

❸ 点击所需的 ISO 感光度数值　　❹ 点击 **ISO 自动上限设置**选项　　❺ 点击所需 ISO 感光度数值

设置最慢快门速度

当使用自动感光度时，可以指定一个快门速度的最低数值，当快门速度低于此数值时，由相机自动提高感光度数值；反之，则使用"ISO 感光度（照片）"中设置的最小感光度数值进行拍摄。

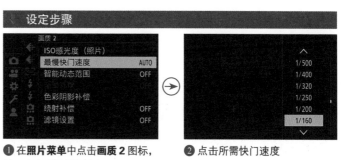

❶ 在**照片菜单**中点击**画质 2** 图标，然后点击**最慢快门速度**选项　　❷ 点击所需快门速度

ISO 增量

此菜单在选择 ISO 感光度数值时，有 1/3 EV、1 EV 两个增量。选择"1/3 EV"选项时，感光度以 ISO100、ISO125、ISO160 的规律递增；选择"1 EV"选项时，感 光 度 以 ISO100、ISO200、ISO400 的规律递增。

❶ 在**自定义菜单**中点击**画质**图标，然后点击 **ISO 增量**选项　　❷ 点击 **1/3EV** 或 **1EV** 选项

什么是双原生感光度

搜索"原生 ISO",可以看到很多解释,大体上可以理解为没有数字增益、具有最好动态范围与噪点表现的感光度。在过去很长时间里,绝大多数传感器都只有一个原生 ISO,也就是标准感光度的最低值——ISO 100,而新一代传感器普遍具有一高一低两个原生 ISO。在低感光度下,使用较低的原生 ISO 来获得更大动态范围,在高感光度下,使用较高的原生 ISO 来降低噪点。对于这项技术,索尼、松下、适马等厂商称之为"双原生 ISO"。

实现"双原生 ISO"的方法不止一种:有的使用两套增益电路,有的则是切换像素的阱容,可以肯定的是,"双原生 ISO"是传感器的硬件特性。当 ISO 处于 ISO100~ ISO1000 时,就会通过"低 ISO"电路,并且 ISO 会在处理器之后进行数字调整,一旦 ISO 高于某个数值时,就会通过第二个电路,通过这样运行,会发现图像质量有明显的提高。

双原生感光度的使用方法

当 ISO 数值越高,相机对光线的灵敏度就越大,对于感光元件而言,当改变 ISO 时,实际上是通过对放大器增大电压,用电子的方式提升感光度。当 ISO 数值越小,图像噪点或画面亮度也越小;ISO 数值越大,图像噪点或画面亮度也越大。

▲ 低原生感光度

而松下 DC-S5M2 相机拥有两个原生 ISO,可以通过切换使用第二挡原生 ISO 来改善高感光下的噪点,这种方式既适用于照片也适用于视频。

按下 ISO 按钮,旋转后拨盘选择除 AUTO 选项外的第一个 ISO 数值,即为原生感光度。此数值根据"双原生 ISO 设置"菜单中的设置而不同。

▲ 高原生感光度

▲ 在弱光下拍摄时,使用高原生感光度来减少画面噪点『焦距:18mm 光圈:F16 快门速度:40s 感光度:ISO1600』

设置双原生感光度

在"双原生 ISO 设置"菜单中，可以设置是否自动切换基本感光度或固定基本感光度。

● AUTO：选择此选项，会根据亮度情况自动切换基本感光度。可以在 AUTO、ISO100~ISO51200 范围内选择，如果启用了"扩展 ISO"，则可在 ISO50~ISO204800 范围内选择。

设定步骤

❶ 在**照片菜单**中点击**画质1**图标，然后点击**双原生 ISO 设置**选项

❷ 点击选择所需的选项

● LOW：选择此选项，可以在 ISO100~ISO800 的低感光度数值中的选择基本感光度。如果启用了"扩展 ISO"，则可以在 ISO50~ISO800 范围内选择。

● HIGH：选择此选项，会根据亮度情况自动切换基本感光度。可以在 AUTO、ISO640~ISO51200 范围内选择，如果启用了"扩展 ISO"，则可以在 ISO320~ISO204800 范围内选择。

扩展感光度

此菜单可以设置扩展 ISO 感光度的设置范围，可用扩展范围取决于"双原生 ISO 设置"菜单的设置，当设置为"AUTO"选项时，可以将下限扩展到 ISO50，上限扩展到 ISO204800；设置为"LOW"选项时，可以将下限扩

设定步骤

❶ 在**自定义菜单**中点击**画质**图标，然后点击**扩展 ISO**选项

❷ 点击 **ON** 选项

展到 ISO50，设置为"HIGH"选项时，可以将下限扩展到 ISO320，上限扩展到 ISO204800。

设置 ISO 时拨盘功能

此菜单用于分配设置 ISO 感光度时，转动前 / 后拨盘所执行的操作。当分配有 ![ISO LIMIT] 图标的选项时，转动拨盘可以更改 ISO 自动上限值。如选择 "![ISO LIMIT/ISO]" 选项时，转动前拨盘可以设置 ISO 自动上限值，转动后拨盘可以设置 ISO 感光度值。

设定步骤

❶ 在**自定义菜单**中点击**操作**图标，然后点击 **ISO 显示设置**选项

❷ 点击**前 / 后拨盘**选项

❸ 点击选择所需的选项

曝光四元素之间的关系

影响曝光的元素有四个：①照明的亮度，简称 LV；②感光度，即 ISO 值，该值越高，相机所需的曝光量越少；③光圈，更大的光圈能让更多的光线通过；④曝光时间，也就是所谓的快门速度。

下图为四个元素之间的联系。

影响曝光的这四个元素是一个互相牵引的四角关系，改变任何一个因素，均会对另外三个造成影响。例如，最直接的对应关系是"亮度—感光度"，当在较暗的环境中（亮度较低）拍摄时，就要使用较高的感光度值，以增加相机感光元件对光线的敏感度，来得到曝光正常的画面。

另一个直接的影响是"光圈—快门"，当用大光圈拍摄时，进入相机镜头的光量变多，因而快门速度便要提高，以避免照片过曝；反之，当缩小光圈时，进入相机镜头的光量变少，快门速度就要相应地变低，以避免照片欠曝。

下面进一步解释这四者之间的关系。

当光线较为明亮时，相机感光充分，因而可以使用较低的感光度、较高的快门速度或小光圈拍摄。

当使用高感光度拍摄时，相机对光线的敏感度增加，因此也可以使用较高的快门速度、较小光圈来拍摄。

当降低快门速度做长时间曝光时，则可以通过缩小光圈、使用较低的感光度，或者加中灰镜来得到正确的曝光。

当然，在现场光环境中拍摄时，画面的亮度很难做出改变，虽然可以用中灰镜降低亮度，或提高感光度来增加亮度，但是仍然会带来一定的画质影响。因此，摄影师通常会先考虑调整光圈和快门速度，当调整光圈和快门速度都无法得到满意的效果时，才会调整感光度数值，最后考虑安装中灰镜或增加灯光为画面补光。

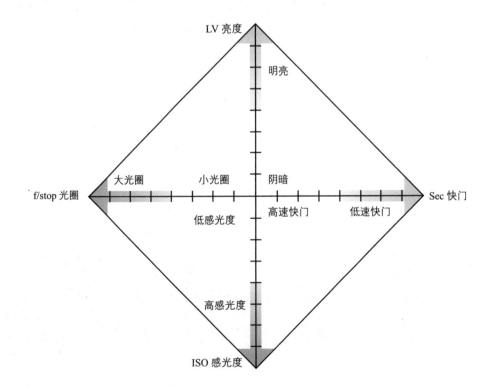

设置白平衡控制画面色彩

理解白平衡存在的重要性

无论是在室外的阳光下，还是在室内的白炽灯光下，人眼都将白色视为白色，将红色视为红色。之所以产生这种感觉是因为人的肉眼能够修正光源变化造成的着色差异。实际上，当光源改变时，作为这些光源的反射而被捕获的颜色也会发生变化，相机会精确地将这些变化记录在照片中，这样的照片在纠正之前看上去是偏色的。

相机具有的白平衡功能，可以纠正不同光源下色彩的变化，就像人眼的功能一样，使偏色的照片得到纠正。

值得一提的是，在实际应用时，也可以尝试使用"错误"的白平衡设置，从而获得特殊的画面色彩。例如，在拍摄夕阳时，如果使用白色荧光灯或阴影白平衡，则可以得到冷暖对比或带有强烈暖调色彩的画面，这也是白平衡的一种特殊应用方式。

松下DC-S5M2相机共提供了三类白平衡设置，即预设白平衡、手调色温及自定义白平衡，下面分别讲解它们的作用。

预设白平衡

除了自动白平衡外，松下 DC-S5M2 相机还提供了晴天、阴天、阴影、白炽灯、闪光灯五种预设白平衡，它们分别针对一些常见的典型环境，选择这些预设的白平衡可以快速获得需要的设置。

以下是使用不同预设白平衡拍摄同一场景时得到的结果。

▶ 设定方法

按下 WB 按钮，然后转动后拨盘选择白平衡模式，半按快门按钮确认选择

▲ 晴天白平衡

▲ 阴天白平衡

▲ 阴影白平衡

▲ 白炽灯白平衡

▲ 闪光灯白平衡

灵活运用两种自动白平衡

松下 DC-S5M2 相机提供了两种自动白平衡模式，其中"AWBw"自动白平衡模式能够较好地表现出白炽灯下拍摄的效果，即在照片中保留灯光下的红色色调，从而拍出具有温暖氛围的照片；而"AWBc"自动白平衡模式可以抑制灯光中的红色色调，准确地再现白色。

高手点拨："AWBw"与"AWBc"自动白平衡模式的不同只有在色温较低的场景中才能表现出来，在其他条件下，使用两种自动白平衡模式拍摄出来的照片效果一样。

▲ 按下 WB 按钮，然后转动后拨盘选择 AWBc 自动模式

▲ 按下 WB 按钮，然后转动后拨盘选择 AWBw 自动模式

▲ 选择"AWBc"自动白平衡模式可以抑制灯光中的红色，拍摄出来的照片中模特的皮肤会显得更白皙、好看一些『焦距：85mm ┊光圈：F3.2 ┊快门速度：1/40s ┊感光度：ISO400 』

◀ 使用"AWBw"自动白平衡模式拍摄出来的照片暖色调更明显一些『焦距：85mm ┊光圈：F2.8 ┊快门速度：1/50s ┊感光度：ISO400 』

什么是色温

在摄影领域，色温通常用于说明光源的成分，单位为"K"。例如，日出日落时光为橙红色，这时色温较低，大约为3200K；太阳升高后，光的颜色为白色，这时色温较高，大约为5400K；阴天的色温还要高一些，大约为6000K。色温值越大，光源中所含的蓝色光越多；反之，当色温值越小，则光源中所含的红色光越多。下图为常见场景的色温值。

低色温的光趋于红、黄色调，其能量分布中红色调较多，因此又通常被称为"暖光"；高色温的光趋于蓝色调，其能量分布较集中，也被称为"冷光"。通常在日落时，光线的色温较低，因此拍摄出来的画面偏暖，适合表现夕阳静谧、温馨的感觉，为了增强这样的画面效果，可以将白平衡设置成阴天模式。

晴天、中午时分的光线色温较高，拍摄出来的画面偏冷，通常此时空气的能见度也较高，可以很好地表现大景深场景。另外，冷色调的画面还可以在视觉上给人以开阔的感觉。

蓝天、白雪约10000K

雨天、阴天约7000K

正午晴天约5000K

下午阳光约4500K

室内灯光约3400K

烛光约1800K

9000K

8000K

7000K

6000K

5000K

4000K

3000K

2000K

1000K

户外阴影约7500K

阴天约6500K

闪光灯约5500K

夕阳约3800K

家用电灯约2800K

手调色温

为了应对复杂光线环境下的拍摄需要，松下 DC-S5M2 相机在色温调整白平衡模式下提供了 2500 ~ 10000K 的色温调整范围，最小的调整幅度为 100K。用户可根据实际色温进行精确调整。

预设白平衡模式涵盖的色温范围比手调色温白平衡可调整的范围要小一些，因此当需要一些比较极端的效果时，预设白平衡模式就显得不尽如人意，此时可以进行手动调整。

在通常情况下，使用自动白平衡模式就可以获得不错的色彩效果。但在特殊光线条件下，使用自动白平衡模式有时可能无法得到准确的色彩还原，此时，应根据光线条件选择合适的白平衡模式。实际上，每一种预设白平衡都对应着一个色温值，以下是不同预设白平衡模式所对应的色温值。

❶ 按下 WB 按钮，然后转动后拨盘选择 K1~k4 的任一个选项

❷ 按▲方向键显示色温设定画面，按▲或▼方向键选择色温值，半按快门按钮确认选择

显　示	白平衡模式	色　温（K）
AWBw	自动（保留红色调）	3000 ~ 7000
AWBc	自动（降低红色调）	
☼	晴光	5200
⌂	阴影	7000
☁	阴天	6000
☀	白炽灯	3200
⚡WB	闪光灯	6000
⚒	用户自定义	2000~10000
K₁	色温	2500~10000

▲ 即使使用了色温值最高的阴影预设白平衡（色温约为 7000K），得到的暖调效果还是不够纯粹

▲ 通过手动调整色温至最高的 10000K，可以看出得到的暖调效果更加强烈

自定义白平衡

自定义白平衡模式是各种白平衡模式中最为精准的一种，是指在现场光照条件下拍摄纯白的物体，相机会认为这张照片是标准的"白色"，从而以此为依据对现场色彩进行调整，最终实现精准的色彩还原。

在松下 DC-S5M2 相机中自定义白平衡操作步骤如下。

❶ 拨动对焦模式杆切换 MF（手动对焦）方式。

❷ 按下 WB 按钮，然后转动后拨盘选择[🔲]~[🔲]的任一个选项。

❸ 按▲方向键进入白色设置界面，在被拍摄对象周围找到一个白色物体，然后半按快门对白色物体进行测光（此时无须顾虑是否对焦的问题），且要保证白色物体应画面中央的框，然后按下 MENU/OK 按钮拍摄一张照片。

❹ 显示"完成"，表示已成功设置白平衡，并返回拍摄界面。

例如在室内使用恒亮光源拍摄人像或静物时，由于光源本身都会带有一定的色温倾向，因此，为了保证拍出的照片能够准确地还原色彩，可以通过自定义白平衡的方法来拍摄。

高手点拨： 在实际拍摄时灵活运用自定义白平衡功能，可以使拍摄效果更自然，这要比使用滤色镜获得的效果更自然，操作也更方便。值得注意的是，当曝光不足或曝光过度时，使用自定义白平衡可能无法获得正确的白平衡。在实际拍摄时可以使用18%灰度卡（市面有售）取代白色物体，这样可以更精确地设置白平衡。

▲ 采用自定义白平衡拍摄室内人像，画面中人物的肤色得到了准确还原
『焦距：50mm ┊ 光圈：F4 ┊ 快门速度：1/160s ┊ 感光度：ISO100』

设定步骤

❶ 切换至手动对焦方式

❷ 按下 WB 按钮，然后转动后拨盘选择[🔲]~[🔲]的任一个选项

❸ 按▲方向键进入白色设置界面

❹ 将相机对准白色物体，使白色物体充满画面中央的框，然后按 MENU/OK 按钮拍摄

❺ 显示"完成"，表示已成功设置白平衡

白平衡偏移/包围

白平衡偏移

白平衡偏移是指通过设置对白平衡进行微调矫正，以获得与使用色温转换滤镜同等的效果。"白平衡偏移"功能可用于纠正镜头的偏色，例如，如果某一款镜头成像时会偏一点红色，此时利用此功能可以使照片稍偏蓝一点，从而得到颜色相对精确的照片。

其中 B 代表蓝色，A 代表琥珀色，M 代表洋红色，G 代表绿色。设置白平衡偏移时，点击屏幕上图表，使"⊕"图标移至所需位置，即可让拍出的照片偏向所选择的色彩。

设定步骤

❶ 按下 WB 按钮，然后转动后拨盘选择所需的白平衡模式

❷ 点击屏幕上的 调整 图标或按▼方向键进入此调整界面

❸ 点击图表上的想要色彩偏移位置，或者按▲、▼、▲、▼方向键调整偏移方向

白平衡包围

使用白平衡包围功能拍摄时，一次拍摄可同时得到三张不同白平衡偏移效果的图像。在当前白平衡设置的色温基础上，图像将进行蓝色/琥珀色偏移或洋红色/绿色偏移。

操作时首先要通过点击确定白平衡包围的基础色调，其操作步骤与上面所述的设置白平衡偏移的步骤相同，在此基础上点击◄►、◄►、⬍、Ⓧ图标或转动控制转盘◎使屏幕上的⊕图标记变成三个 。可以尝试多次操作，以改变白平衡包围的范围。

❹ 点击◄►、◄►、⬍、Ⓧ图标或转动控制转盘◎调整白平衡包围

▲ 拍摄雪地日出照片时，由于太阳跳出地平线的速度较快，无法慢慢地调整白平衡模式，因而使用"白平衡包围"功能，设置蓝色/琥珀色方向的偏移，以便拍摄完成后挑选色彩效果较好的照片

设置自动对焦模式

对焦是成功拍摄的重要前提之一，准确对焦可以让画面要表现的主体得以清晰呈现，反之则容易出现画面模糊的问题，即所谓的"失焦"。

松下DC-S5M2相机提供了AF自动对焦与MF手动对焦两种模式，而AF自动对焦又可以分为单次自动对焦和连续自动对焦，下面分别讲解它们的使用方法。

▶ 设定方法

拨动对焦模式杆，使S图标对齐标志线处

单次自动对焦（AFS）

单次自动对焦在合焦（半按快门时对焦成功）之后即停止自动对焦，此时可以保持半按快门状态重新调整构图，这种对焦模式是风光摄影中最常用的自动对焦模式之一，特别适合拍摄静止的对象，如山峦、树木、湖泊、建筑等。当然，在拍摄人像和动物时，如果被摄对象处于静止状态，也可以使用这种自动对焦模式。

▲ 单次自动对焦模式非常适合拍摄静止的对象

Q：自动对焦不工作了怎么办？

A：解决这个问题的方法通常有以下五种。

首先，要确保稳妥地安装了镜头。

其次，要确认相机的对焦模式是否为自动对焦模式。

第三，如果对焦拍摄的物体，没有任何细节，如是白墙或白纸，或在弱光下，也会形成无法对焦的假象。

第四，如果对焦拍摄的物体，在当前使用的镜头最近对焦距离之内，也会造成无法对焦的假象。

第五，查看一下镜头与相机的接口触点是否有锈痕，如果也没问题，那有可能相机的对焦模组真是出了问题。

连续自动对焦（AFC）

选择连续自动对焦模式后，当摄影师半按快门合焦后，保持快门的半按状态，相机会在对焦点中自动切换以保持对运动对象的准确合焦状态。如果在此过程中，被摄对象的位置发生了较大变化，相机会自动做出调整，以确保主体清晰。这种对焦模式较适合拍摄运动中的鸟、昆虫、人等对象。

▶ 设定方法

拨动对焦模式杆，使 C 图标对齐标志线处

▲ 拍摄类似上图这样正在运动的人物与鸟儿时，使用连续自动对焦模式可以获得焦点清晰的画面『焦距：200mm ┊光圈：F5.6 ┊快门速度：1/1000s ┊感光度：ISO400 』

Q：如何拍摄自动对焦困难的主体？

A：在主体与背景反差较小、主体在弱光环境中、主体处于强烈逆光环境中、主体本身有强烈的反光、主体的大部分被一个自动对焦点覆盖的景物覆盖或主体是重复的图案等情况下，松下 DC-S5M2 相机可能无法进行自动对焦。此时，可以按照下面的步骤使用对焦锁定功能进行拍摄。

1. 设置对焦模式为单次自动对焦，将自动对焦点移至另一个与希望对焦的主体等距的物体上，然后半按快门按钮。

2. 因为半按快门按钮时对焦已被锁定，此时可以平移相机使自动对焦点覆盖到希望对焦的主体上，重新构图后再完全按下快门拍摄即可。

设置对焦区域模式满足不同的拍摄需求

理解自动对焦区域

在选择了自动对焦模式后，必须要选择自动对焦区域模式，才能让相机"明白"应该用哪一些对焦点，以哪种方式对被摄对象进行对焦操作。

下面分别讲解七种自动对焦区域模式。

一点

顾名思义，这种自动对焦区域模式是使用相机的一个对焦点进行拍摄。由于对焦面积略大于精确定点自动对焦区域模式，因此，对焦成功率也有所提升。

一点 +

这种模式可以理解为"一点自动对焦"模式的一个升级版，即仍然以手选单个对焦点的方式进行对焦，但在当前所选的对焦点周围会有辅助对焦点。

由于对焦点的数量增加了，因此在确保对焦准确性的同时，对焦的成功率有很大提升。

例如，在拍摄小幅运动中的人、宠物时，对焦点无疑应该在眼睛上，但为了避免对焦失误，可以使用一点 + 自动对焦区域模式，使相机以眼睛为中心对焦到人或宠物的头部。

▶ 设定方法
按 按钮显示对焦区域模式选择界面，按◀、▶方向键或按 按钮选择对焦模式，然后按下 MENU/OK 按钮确认

▲ 选择**一点自动对焦**模式时的显示屏

▲ 选择**一点 + 自动对焦区域**模式时的显示屏

◀ 使用一点 + 自动对焦区域模式拍摄人像，可以轻松拍出准确对焦的画面『焦距：150mm ┊ 光圈：F5.6 ┊ 快门速度：1/320s ┊ 感光度：ISO200』

精确定点 $\boxed{+}$

此模式的对焦区域非常小，因此适合进行更小范围的对焦。例如隔着笼子拍摄动物时，可能会需要更小的对焦点对笼子里面的动物进行对焦。在此模式下，半按快门按钮可以放大显示对焦点所在的区域，帮助用户确认对焦情况。

▲ 选择精确**定点自动对焦**模式时的显示屏

▲ 放大显示对焦画面

▶ 使用"精确定点自动对焦"模式对铁丝网后面的动物的眼睛进行精准对焦『焦距：400mm ┊ 光圈：F9 ┊ 快门速度：1/250s ┊ 感光度：ISO400』

区域 $\boxed{\cdots}$

使用此对焦区域模式时，先在显示屏上选择想要对焦的区域位置，对焦区域内包含多个对焦点，在拍摄时，相机将自动在所选对焦区范围内选择合焦的对焦框。此模式适合拍摄动作幅度不太大的题材。

▲ 拍摄摆姿人像时，在变换姿势幅度不大的情况下，可以使用区域自动对焦区域模式进行拍摄『焦距：85mm；光圈：F5；快门速度：1/8000s；感光度：ISO200』

▲ 选择**区域自动对焦**模式时的显示屏

区域（水平 / 垂直）┊┈┈┊

在此模式下，相机的自动对焦点被划分为水平 / 垂直条状矩形区域，每个区域中包含了若干个对焦点。当选择某个区域进行对焦时，则此区域内的对焦点将自动进行对焦。

▲ 选择**区域（水平 / 垂直）自动对焦**模式时的显示屏。在垂直模式下，按▲、▼方向键可以切换为水平模式，而在水平模式下，按◀、▶方向键可以切换为垂直模式

▲ 被拍摄的小狗仅在画面上方水平运动，此时可使用"区域（水平 / 垂直）"模式，并将对焦框切换成水平模式进行拍摄『焦距：120mm ┊ 光圈：F3.5 ┊ 快门速度：1/640s ┊ 感光度：ISO500』

全域 ▥▥

在此对焦区域模式时，会启用相机的全部对焦点，相机会根据被摄体的位置自动选择对焦点，当对焦模式设置为"AF-C"时，对焦点会始终对准被摄物体，当自动检测功能设为"ON"时，还可以检测出画面中的多个被摄物体，所检测到的被摄体会显示出白色对焦区域框，用户可以根据拍摄需要，触摸该白色对焦区域框使其变为黄色，成为优先对焦对象。

▲ 选择**全域自动对焦**模式时的显示屏

追踪 ⌗

在 AF-C 连续自动对焦模式下，将对焦点定位于被摄对象上，半按快门按钮，对焦就将开始跟踪在画面中移动的拍摄对象，并根据需要选择新的对焦点。此自动对焦区域模式用于对从一端到另一端进行不规则运动的拍摄对象（例如，网球选手）进行迅速构图。若拍摄对象偏离取景器，可松开快门按钮，并将拍摄对象置于所选对焦点重新构图。

▲ 选择**追踪自动对焦**模式时的显示屏

手选对焦点/对焦区域的方法

在 P、A、S 及 M 模式下，前面讲述的七种自动对焦区域模式，除全域模式外，都支持手动选择对焦点或对焦区域，以便根据对焦需要进行选择。

在默认设置下，可以向八个方向倾斜操纵杆，使对焦点或对焦区域移动到想要对焦的位置，按下 MENU/OK 按钮或半按快门确定选择，按下操纵杆中央，可以在默认位置和选择的对焦位置之间进行切换，在精确定点模式下，按下操纵杆中央为放大显示对焦画面。也可以按按▲、▼、◀、▶方向键来选择对焦位置，还可以用手指触摸画面中需要对焦的位置进行对焦。

▶ 设定方法

在默认设置下，可以向八个方向倾斜操纵杆，使对焦点或对焦区域移动到想要对焦的位置，半按快门按钮确认选择。在一点、一点＋、区域三种模式下，转动前拨盘或后拨盘可以改变对焦区域的大小，半按快门按钮确认选择

▲ 采用手选对焦点的方式拍摄，保证了对人物的灵魂——眼睛进行准确对焦『焦距：85mm ┊ 光圈：F1.4 ┊ 快门速度：1/160s ┊ 感光度：ISO160 』

设置选择对焦点时的灵敏度

当使用操纵杆选择自动对焦点位置时，可以通过"1 点 AF 移动速度"菜单设定操作时的灵敏度。

❶ 在照片菜单中点击对焦图标，然后点击 1 点 AF 移动速度选项

❷ 点击 FAST 或 NORMAL 选项

对焦自定义设置

在 AFC 连续自动对焦模式下，松下 DC-S5M2 相机提供了四种对焦场景控制，以满足拍摄对象以不同方式运动时对焦控制参数的选择与设置要求。

场景 1 ~ 4 所包含的参数及其代表的功能是相同的，均包括"AF 追踪灵敏度""AF 区域切换灵敏度"和"移动拍摄对象预测"三个参数。在下面的讲解中，仅在设置 1 中讲解这三个参数的作用。

设置 1 通用设置

此选项适用于拍摄一般运动场面,例如拍摄运动特征不明显或运动幅度较小的对象时,此功能较为适用。

设定步骤

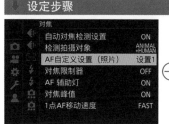  

❶ 在**照片菜单**中点击**对焦**图标，然后点击 **AF 自定义设置（照片）**选项

❷ 点击最上方的◀或▶图标选择场景选项，在下方选项中点击 **AF 追踪灵敏度**选项

❸ 点击下方的◀或▶图标设定不同的灵敏度数值

❹ 若选择了 **AF 区域切换灵敏度**选项，点击下方的◀或▶图标设定不同的灵敏度数值

❺ 若选择了**移动拍摄对象预测**选项，点击下方的◀或▶图标设定数值，所有设置完成后，点击设置图标确定

●AF 追踪灵敏度：设置此参数的意义在于，当被摄对象前方出现障碍对象时，通过此参数使相机"明白"，是忽略障碍对象继续跟踪对焦被摄对象，还是切换至对新被摄体（即障碍对象）进行对焦拍摄。选择此选项后，可以向左边的"锁定"或右边的"响应"拖动滑块进行参数设置。当滑块位置偏向于"锁定"时，即使有障碍物进入自动对焦点，或被摄对象偏移了对焦点，相机仍然会继续保持原来的对焦位置；反之，若滑块位置偏向于"响应"方向，当障碍对象出现后，相机的对焦点就会从原被摄对象上脱开，马

上对焦在新的障碍对象上。

●AF 区域切换灵敏度：此参数设置用于切换对焦区域的灵敏度，以配合被摄体移动。当滑块位置偏向于"锁定"时，相机逐步切换对焦区域，最大限度地降低被摄体轻微移动或者相机前方障碍物造成的影响，当滑块位置偏向于"响应"时，被摄体移到对焦区域之外时，相机立即切换对焦区域以保持被摄体对准。

●移动拍摄对象预测：此参数用于设置当被摄对象突然加速或突然减速时的对焦灵敏度，数值越大，则当被摄对象突然加速或突然减速时，相机对其进行跟踪对焦的灵敏度越高。此参数的默认设置为 0，适用于被摄体移动速度基本稳定或变化不大的拍摄情况。

设置 2　以恒定速度在一个方向移动的被摄体

此场景适用于拍摄以恒定速度在一个方向移动的被摄体，如火车、汽车、飞机等运动对象。

设置 3　被摄体动作不定

选择此选项时，若主体脱离了对焦范围，或对焦范围内有其他物体出现，相机将优先针对之前对焦的主体进行跟踪，从而避免主体移动或出现障碍时相机的对焦系统受到干扰。此场合适用于拍摄足球运动员、篮球运动员、自由式滑雪等运动对象。

设置 4　拍摄快速加速或减速的被摄体

选择此选项时，若拍摄对象出现突然加速或减速运动，则相机会倾向于随着对象运动速度的改变而自动追踪。此场景适合拍摄赛车、越野摩托车等题材。

▲ 在**照片菜单**中选择**对焦**图标，然后点击 **AF 自定义设置（照片）**选项，点击最上方的◀或▶图标选择设置 2 选项

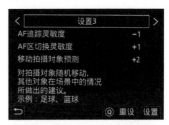

▲ 在**照片菜单**中选择**对焦**图标，然后点击 **AF 自定义设置（照片）**选项，点击最上方的◀或▶图标选择设置 3 选项

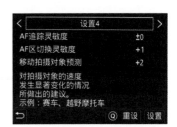

▲ 在**照片菜单**中选择**对焦**图标，然后点击 **AF 自定义设置（照片）**选项，点击最上方的◀或▶图标选择设置 4 选项

▲ 选择"设置 4"模式，拍摄摩托车比赛画面时，可以轻松抓拍到精彩画面『焦距：200mm ┊ 光圈：F6.3 ┊ 快门速度：1/800s ┊ 感光度：ISO320』

其他对焦控制参数

对焦或快门优先

在松下 DC-S5M2 相机中，为单次自动对焦和连续自动对焦模式提供了对焦或快门优先设置选项，以满足用户多样化的拍摄需求。

例如，在一些弱光或不易对焦的情况下，使用单次自动对焦模式拍摄时，也可能会出现无法对焦而导致错失拍摄时机的问题，此时便可在此菜单中进行设置。

● FOCUS：选择此选项，相机将优先进行对焦，直至对焦完成后才会释放快门，因而可以清晰、准确地捕捉到瞬间影像。选择此选项的缺点是，可能会由于对焦时间过长而错失精彩瞬间。

● BALANCE：选择此选项，相机将平衡对焦与快门释放。

● RELEASE：选择此选项，将在拍摄时优先释放快门，以保证抓取到瞬间影像，但此时可能会出现尚未精确对焦即释放快门的情况，而导致照片脱焦变虚。

高手点拨：此功能可以解决困扰摄影师的"先拍到还是先拍好"的问题。对于纪实摄影建议"先拍到"，因此应该设置为"FOCUS"；对于其他类型建议选择"RELEASE"。

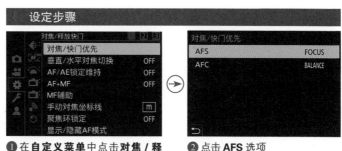

❶ 在**自定义菜单**中点击**对焦 / 释放快门**图标，然后点击**对焦 / 快门优先**选项

❷ 点击 **AFS** 选项

❸ 点击选择所需的选项

❹ 若在步骤中选择了 **AFS** 选项，在此点击选择所需的选项

▲ 一张精彩的纪实照往往以成功对焦作为标准之一『焦距：50mm ┊光圈：F5.6 ┊快门速度：1/200s ┊感光度：ISO100』

限制自动对焦区域

虽然松下 DC-S5M2 相机提供了七种自动对焦区域模式，但是每个人的拍摄习惯和拍摄题材不同，这些模式并非都是常用的，甚至有些模式几乎不会用到，因此可以在"显示 / 隐藏 AF 模式"菜单中隐藏不常用的自动对焦区域模式，以简化拍摄时的操作。

⬇ 设定步骤

❶ 在**自定义菜单**中点击**对焦 / 释放快门**图标，然后点击**显示 / 隐藏 AF 模式**选项

❷ 点击选择常用的自动对焦区域模式选项

❸ 点击 **ON** 选项

对焦限制器

当在松下 DC-S5M2 相机上安装带聚焦环的 L-Mount 镜头时，可以设置"对焦限制器"菜单来限制对焦的工作范围，在此菜单中选择 SET 选项进入对焦区域选择界面，在对焦区域选择界面中，先使用手动对焦的步骤确认对焦点，然后按下 WB 或 ISO 按钮选择对焦工作范围（也可以点击屏幕上的 Limit1 和 Limit2 图标进行设置），按下 MENU/OK 按钮确认选择，然后返回菜单选择"ON"选项启用对焦限制器功能，这样在拍摄时，相机执行对焦的范围只限于在菜单中所设置的范围，不会对画面其他区域对焦，此功能在拍摄多人画面时只想对某些人对焦，或者只想对焦于画面中的中景和后景，而不想对前景对焦时非常好用。

⬇ 设定步骤

❶ 在**照片菜单**中点击**对焦**图标，然后点击**对焦限制器**选项

❷ 点击 **SET** 选项

❸ 按方向键选择要对焦的位置，拧动对焦环使其变清晰，然后点击 Limit1 图标确认为限制 1 号对焦的位置

❹ 按步骤❸相同的操作选择对焦范围，然后点击 Limit2 图标确认为限制 2 号对焦的位置

❺ 点击 **ON** 选项

快速 AF

使用此菜单功能后，即使摄影师没有半按快门按钮，也可以让相机持续对焦。

此时会由于连续驱动镜头消耗电池电量，因此可拍摄的张数会减少。

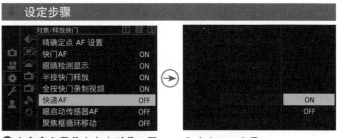

❶ 在**自定义菜单**中点击**对焦 / 释放快门**图标，然后点击**快速 AF**选项

❷ 点击 **ON** 选项

精确定点 AF 设置

当对焦区域模式设为"精确定点"时，在此菜单中设置显示放大画面的时间与方式。

● 精确定点AF时间：设置半按快门按钮时放大画面的显示时间。

● 精确定点 AF 显示：设置放大画面的显示方法，可以选择全屏模式和窗口模式。

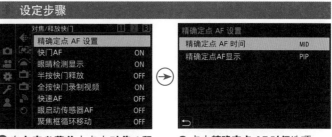

❶ 在**自定义菜单**中点击**对焦 / 释放快门**图标，然后点击**精确定点 AF 设置**选项

❷ 点击**精确定点 AF 时间**选项

❸ 点击选择所需的选项

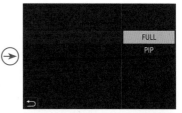

❹ 若在步骤❷中选择了**精确定点 AF 显示**选项，点击 **FULL** 或 **PIP**选项

用自动对焦结合手动对焦功能精确对焦

在拍摄距离较近、被摄对象较小或较难对焦的景物时，可以使用松下 DC-S5M2 相机的"AF+MF"功能。开启此功能后，在 AFS 模式下，先是由相机自动对焦，再由摄影师手动对焦。即拍摄时可以先半按快门按钮进行自动对焦，然后在对焦锁定期间，转动镜头对焦环手动进行微调，完成精确对焦后，直接完全按下快门按钮完成拍摄。

❶ 在**自定义菜单**中点击**对焦 / 释放快门**图标，然后点击 **AF+MF**选项

❷ 点击 **ON** 选项

垂直或水平自动切换对焦点

在水平或垂直方向切换拍摄时，经常遇到的一个问题就是，在切换至不同方向时，会使用不同对焦点/区域的位置。此时可以开启此菜单，以确保每次在拍摄时，即便使用不同的水平或垂直方向，对焦点也能够自动定位到上次使用此方向时的对焦点上。

● ON：选择此选项，相机会记住水平和垂直方向的不同对焦点位置。

● OFF：选择此选项，不会记住对焦点位置，水平和垂直方向都是相同的对焦点位置。

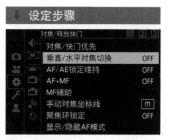

❶ 在**自定义菜单**中点击**对焦 / 释放快门**图标，然后点击**垂直 / 水平对焦切换**选项

❷ 点击 **ON** 选项

▲ 拍人像时经常切换拍摄方向，启用此功能非常实用『焦距：50mm ┆ 光圈：F3.2 ┆ 快门速度：1/200s ┆ 感光度：ISO100 』

▲ 当选择"ON"选项时，每次水平握持相机时，相机会自动切换到上次以此方向握持相机拍摄时使用的自动对焦点上

▲ 当选择"ON"选项时，每次垂直（相机手柄朝下）握持相机时，相机会自动切换到上次以此方向握持相机拍摄时使用的自动对焦点上

▲ 当选择"ON"选项时，每次垂直（相机手柄朝上）握持相机时，相机会自动切换到上次以此方向握持相机拍摄时使用的自动对焦点上

识别被拍摄对象

为了增加对焦的精准度，松下 DC-S5M2 相机提供了检测被摄体功能，要实现此功能，需要设置两个菜单，先要开启"自动对焦检测设置"功能，然后在"检测拍摄对象"菜单中，选择相机在自动对焦时，优先识别画面中的人物、人物眼睛或动物等拍摄对象。

● HUMAN：选择此选项，在拍摄时相机优先识别人物的面部、眼睛和身体，优先对人进行追踪对焦。若相机无法检测到人物的面部或头部，则可能会追踪身体的全部或部分部位。对焦区域模式图标上会显示 。

● FACE/EYE：选择此选项，在拍摄时相机优先识别人物的面部和眼睛，对焦区域模式图标上会显示 。

● ANIMAL+HUMAN：选择此选项，在拍摄时相机会检测人物和动物 (犬科、猫科或鸟类)，对焦区域模式图标上会显示 。

高手点拨：　"自动对焦检测设置"适用于除"精确定点"以外的所有对焦区域模式。

❶ 在**照片菜单**中点击**对焦**图标，然后点击**自动对焦检测设置**选项

❷ 点击 **ON** 选项

❶ 在**照片菜单**中选择**对焦**图标，然后点击**检测拍摄对象**选项

❷ 点击选择所需的选项

▲ 拍摄环境人像时，将"检测拍摄对象"设置为"HUMAN"选项，可以轻松地拍出人物清晰的画面『焦距：35mm ┊ 光圈：F5 ┊ 快门速度：1/250s ┊ 感光度：ISO100 』

利用自动对焦辅助光辅助对焦

利用"AF辅助灯"菜单可以控制是否开启相机的自动对焦辅助光。

在弱光环境下，由于对焦很困难，因此开启对焦辅助光照亮被摄对象，可以起到辅助对焦的作用。

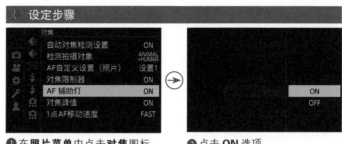

❶ 在**照片菜单**中点击**对焦**图标，然后点击 **AF 辅助灯**选项

❷ 点击 **ON** 选项

高手点拨：如果拍摄的是会议或体育比赛等不能被打扰的拍摄对象，应关闭此功能。在不能使用自动对焦辅助光照明时，如果难以对焦，应选择明暗反差较大的位置进行对焦。

操作音

在"操作音"菜单中可以设置操作音、AF操作音和电子快门音。在"AF蜂鸣音音量"和"AF蜂鸣音音调"中，可以设置在对焦成功时发出清脆的声音，以便确认是否对焦成功。除此之外，开启的状态下自拍时相机会发出蜂鸣音。

❶ 在**设置菜单**中点击 **IN/OUT1** 图标，然后点击**操作音**选项

❷ 点击选择**操作音音量**选项

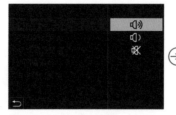

❸ 点击选择所需的选项

❹ 若在步骤❷中选择了 **AF 蜂鸣音量**选项，在此点击选择所需音量

手动对焦实现准确对焦

如果在摄影中遇到下面的情况，相机的自动对焦系统往往无法准确对焦，此时应该使用手动对焦功能。但由于不同摄影师的拍摄经验不同，拍摄的成功率也有极大的差别。

- 画面主体处于杂乱的环境中，如拍摄杂草后面的花朵等。
- 画面属于高对比、低反差的画面，如拍摄日出、日落等。
- 在弱光环境下进行拍摄，如拍摄夜景、星空等。
- 拍摄距离太近的题材，如微距拍摄昆虫、花卉等。
- 主体被其他景物覆盖，如拍摄动物园笼子里面的动物、鸟笼中的鸟等。
- 对比度很低的景物，如拍摄蓝天、墙壁等。
- 距离较近且相似程度又很高的题材，如旧照片翻拍等。

▲ 设定方法

拨动对焦模式杆 MF 图标对齐白色标志线，即可切换至手动对焦模式

▲ 在拍摄微距题材时，通常使用手动对焦模式以保证画面中的主体能够清晰对焦『焦距：180mm ┆ 光圈：F8 ┆ 快门速度：1/320s ┆ 感光度：ISO400』

Q：图像模糊不聚焦或锐度较低应如何处理？

A：出现这种情况时，可以从以下三个方面进行检查。

1. 按快门按钮时相机是否产生了移动？按快门按钮时要确保相机稳定，尤其是拍摄夜景或在黑暗的环境中拍摄时，快门速度应高于正常拍摄条件下的快门速度。应尽量使用三脚架或遥控器，以确保拍摄时相机保持稳定。

2. 镜头和主体之间的距离是否超出了相机的对焦范围？如果超出了，则应该调整主体和镜头之间的距离。

3. 取景器的自动对焦点是否覆盖了主体？相机会自动对焦取景器中被对焦点覆盖的主体，如果因为主体所处位置致使自动对焦点无法覆盖，可以利用对焦锁定功能来解决。

辅助手动对焦的菜单设置

手动对焦峰值设置

峰值是一种用于辅助手动对焦的显示功能，开启此功能后，如果被摄对象对焦清晰，则其边缘会出现标示色彩（通过"显示颜色"进行设定）轮廓，以方便拍摄者确定。

● 对焦峰值灵敏度：用于设置峰值显示的强弱程度，可以设置 -2~+2 的灵敏度值，分别代表不同的强度，等级越高，颜色标示就越明显，如果朝负数调整，减少要突出显示的部分，可以更精准地对焦。

● 显示颜色：设置在开启对焦峰值功能时，在被摄对象边缘显示标示峰值的色彩，有"蓝色""黄色"和"绿色"等颜色选项。在拍摄时，需要根据被摄对象的颜色选择与主体反差较大的色彩。

● AFS 期间的显示：设置为"ON"时，在 AFS 对焦模式下，半按快门按钮时也可以显示对焦峰值。

● MF 期间的显示：启用"实时显示时"，则拍摄画面上会显示对焦峰值；启用"实时显示放大时"，在 MF 辅助画面和实时取景画面的视频放大显示中会显示对焦峰值；将"按下快门时"设置为"OFF"时，按下快门时对焦峰值会隐藏。

设定步骤

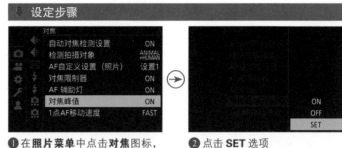

❶ 在**照片菜单**中点击**对焦**图标，然后点击**对焦峰值**选项

❷ 点击 SET 选项

❸ 点击**对焦峰值灵敏度**选项

❹ 点击选择所需的选项

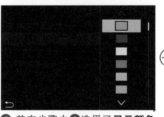

❺ 若在步骤中❸选择了**显示颜色**选项，在此可以选择所需颜色选项

❻ 若在步骤中❸选择了 **AFS 期间的显示**选项，在此可以选择 ON 或 OFF 选项

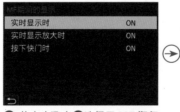

❼ 若在步骤中❸选择了 **MF 期间的显示**选项，在此可以选择**实时显示时**、**实时显示放大时**或**按下快门时**选项

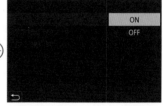

❽ 在下级菜单中可以选择 ON 或 OFF 选项

MF 辅助

MF 辅助是指在手动对焦模式下，放大画面显示以确认对焦情况的功能，通过"MF 辅助"菜单，可以设置 MF 辅助的显示方法。

● 对焦环：设为"ON"选项时，在手动对焦模式下，转动镜头对焦环可以放大画面显示。

● AF 模式：设为"ON"选项时，在手动对焦模式下，按 📷 按钮可以放大画面显示。

● 按纵杆：设为"ON"选项时，在手动对焦模式下，按操纵杆可以放大画面显示。不过，需要在"摇杆设置"设置为"D.FOCUS Movement"选项时，才可以使用。

● MF 辅助显示：用于设置 MF 辅助的显示形式，可以选择全屏模式或窗口模式。

设定步骤

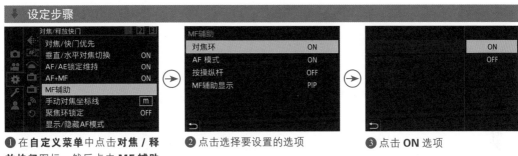

❶ 在**自定义菜单**中点击**对焦 / 释放快门**图标，然后点击 **MF 辅助**选项

❷ 点击选择要设置的选项

❸ 点击 **ON** 选项

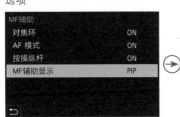

❹ 点击 **MF 辅助显示**选项

❺ 点击 **FULL** 或 **PIP** 选项

❻ 启用此功能后，放大显示效果

手动对焦坐标线

"手动对焦坐标线"是指示调整手动对焦的一种功能。开启该功能后，可以在屏幕上显示用作拍摄距离坐标线的 MF 坐标线。可以选择米或英尺显示单位。

设定步骤

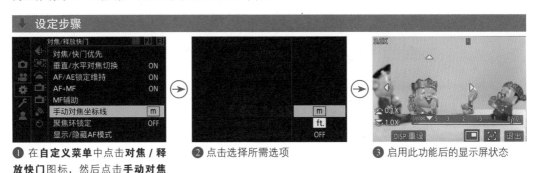

❶ 在**自定义菜单**中点击**对焦 / 释放快门**图标，然后点击**手动对焦坐标线**选项

❷ 点击选择所需选项

❸ 启用此功能后的显示屏状态

设置驱动模式以拍摄运动或静止的对象

针对不同的拍摄任务，需要将快门设置为不同的驱动模式。例如，要抓拍高速移动的物体，为了保证成功率，通过设置可以使相机按下一次快门后，能够连续拍摄多张照片。松下 DC-S5M2 相机提供了单拍□、快速连拍 1 Ⅰ、快速连拍 2 Ⅱ、高分辨率模式▦、定时拍摄 / 定格动画⊙、自拍定时器⊙驱动模式。定时拍摄 / 定格动画⊙内容要放在第 10 章讲解，下面分别讲解其他驱动模式的使用方法。

单拍模式

在此模式下，每次按下快门时，都只拍摄一张照片。单拍模式适用于拍摄静态对象，如风光、建筑、静物等题材。

▶ 设定方法

转动驱动模式转盘，使相应的图标对齐白色标志线处

▲ 适合于用单拍驱动模式拍摄的各种题材

连拍模式

　　连拍模式适用于拍摄运动的对象，当将被摄对象的连续动作全部抓拍下来以后，可以从中挑选出比较满意的画面。在连拍模式下，每次按下快门时将连续拍摄多张照片。

　　松下 DC-S5M2 提供了快速连拍 1 **Ⅰ**和快速连拍 2 **Ⅱ** 2 种连拍模式，通过"快速连拍设置"菜单，可以设置这两种连拍模式的连拍速度，可以选择 SH、H、M、L 的连拍速度，每个选项下的连拍张数参见右表。

	机械快门 电子前帘	电子快门
SH	—	30张/秒
H高速	9张/秒（AFS/MF） 7张/秒（AFC）	9张/秒（AFS/MF） 8张/秒（AFC）
M中速	5张/秒	
L低速	2张/秒	

设定步骤

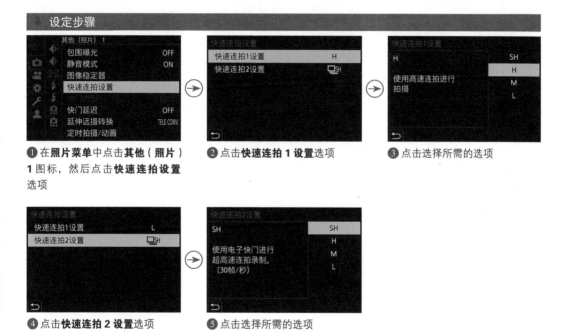

❶ 在**照片菜单**中点击**其他（照片）1** 图标，然后点击**快速连拍设置**选项

❷ 点击**快速连拍 1 设置**选项

❸ 点击选择所需的选项

❹ 点击**快速连拍 2 设置**选项

❺ 点击选择所需的选项

　　Q：为什么相机能够连续拍摄？

　　A：因为松下 DC-S5M2 有临时存储照片的内存缓冲区，因而在记录照片到存储卡的过程中可继续拍摄。受内存缓冲区大小的限制，最多可持续拍摄照片的数量有限。

　　Q：弱光环境下，连拍速度是否会变慢？

　　A：连拍速度在以下情况可能会变慢：当电量较低时，连拍速度会下降；在连续自动对焦模式下，因主体和使用的镜头不同，连拍速度可能会下降；在使用闪光灯拍摄时，连拍速度会下降；在弱光环境下拍摄时，即使设置了较高的快门速度，连拍速度也可能变慢。

高分辨率模式

　　高分辨率模式可以将多次拍摄的图像合成一张高分辨率的照片，合成后的照片可以 RAW 或 JPEG 格式保存，因此适合拍摄需要表现细节的静态题材，如风光、建筑、商品图等。

　　通过"高分辨率模式设置"菜单，可以设置图像质量、图像尺寸、普通拍摄同时记录、快门延迟及运动模糊处理选项。

设定步骤

❶ 在**照片菜单**中点击**画质1**图标，然后点击**高分辨率模式设置**选项

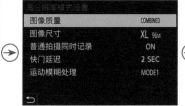

❷ 点击**图像质量**选项

❸ 点击选择所需的选项

❹ 若在步骤❷中选择了**图像尺寸**选项，在此选择所需的选项

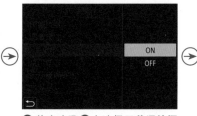

❺ 若在步骤❷中选择了**普通拍摄同时记录**选项，在此选择 **ON** 选项

❻ 若在步骤❷中选择了**快门延迟**选项，在此选择所需的时间选项

● 图像质量：用于设置保存图像时的压缩率。可以选择"COMBINED""FINE""RAW+FINE"及"RAW"选项。选择"COMBINED"选项，则使用与"图像质量"菜单相同的设置进行拍摄，区别是 STD. 质量会变为 FINE 质量。

● 图像尺寸：用于设置合并后的图像尺寸，根据"高宽比"菜单的设置不同，此处的图像尺寸大小也不同。例如，当"高宽比"菜单设置为 3：2 时，此处的"XL"选项为 12000×8000（96 M）大小，"LL"选项为 8496×5664（48 M）大小。不过 RAW 格式的图像始终以 3：2（12000×8000）宽高比拍摄。

❼ 若在步骤❷中选择了**运动模糊处理**选项，在此选择 **MODE1** 和 **MODE2** 选项

●普通拍摄同时记录：设为"ON"选项后，将同时拍合成之前的照片。将第 1 张照片以 L 图像尺寸保存。

●快门延迟：设置快门开始工作的延迟时间，可以设置 30～1/8 秒的延迟时间。

●运动模糊处理设定：设置拍摄移动对象时的模糊补偿方法。选择"MODE1"选项，优先考虑高分辨率模式，因此模糊的被摄体在图像中表现为残像，选择"MODE2"选项可以减少移动被摄体的残像，但是修正后无法获得相同效果的高分辨率照片。

自拍模式

松下 DC-S5M2 相机通过"自拍定时器"菜单可以设置 2 秒、10 秒或自定义选择延迟时间，可满足不同的拍摄需求。

值得一提的是，当选择"⌛₁₀⌛"选项后，可在 10 秒后以约 2 秒的间隔拍摄 3 张图像，这在拍摄多人合影时非常有用，可以减少表情、姿势不佳的情况。另外，自拍驱动模式并非只能用于给自己拍照。例如，在需要使用较低的快门速度拍摄时，可以将相机置于一个稳定的位置，并进行变焦、构图、对焦等操作，然后通过设置自拍驱动模式的方式，避免手按快门产生振动，从而能够拍出满意的照片。

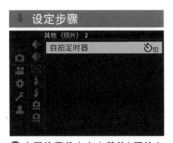

❶ 在**照片菜单**中点击**其他（照片）2** 图标，然后点击**自拍定时器**选项

❷ 点击选择所需的选项，选择 **SET** 选项可以自定义自拍时间

▲ 使用自拍模式能够为自己拍出漂亮的写真照片『焦距：35mm ┊光圈：F2.8 ┊快门速度：1/640s ┊感光度：ISO100 』

设置测光模式以获得准确的曝光

准确曝光的前提是要做到准确测光。在使用除手动及 B 门以外的所有曝光模式拍摄时，都需要根据测光模式确定曝光组合。例如，在光圈优先曝光模式下，在指定了光圈及 ISO 感光度数值后，相机可根据不同的测光模式确定不同的快门速度值。

因此，选择正确的测光模式是获得准确曝光的重要前提。

多点测光 ⊙

多点测光是最常用的测光模式。当使用此测光模式拍摄时，相机会将画面分为多个区域，并针对各个区域进行测光，然后相机将得到的测光数据进行加权平均，以得到适用于整个画面的曝光参数。

这种测光模式适合拍摄画面亮度均匀且无明暗反差的场景，如风光、建筑题材。

❶ 在**照片菜单**中点击**画质1**图标，然后点击**测光模式**选项

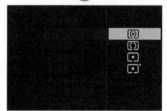

❷ 点击选择所需的选项

▼ 使用多点测光模式拍摄的风景照片，画面中没有明显的明暗对比，可以获得曝光正常的画面效果『焦距：24mm ┊ 光圈：F14 ┊ 快门速度：1/2s ┊ 感光度：ISO100』

中央重点测光

在中央重点平均测光模式下，测光会偏向画面的中央部位，但也会同时兼顾其他部分的亮度。由于测光时能够兼顾其他区域的亮度，因此该模式既能实现画面中央区域的精准曝光，又能保留部分背景的细节。

这种测光模式适合拍摄主体位于画面中央位置的场景，如人像、建筑物或背景较亮的逆光对象等。

▲ 小孩处于画面中心位置，使用中央重点测光模式，可以使画面中的主体人物获得准确的曝光『焦距：80mm ┊ 光圈：F4 ┊ 快门速度：1/200s ┊ 感光度：ISO400 』

高亮显示重点测光模式

在高亮显示重点测光模式下，相机将针对亮部重点测光，应优先保证被摄对象亮部的曝光，在拍摄如舞台上聚光灯下的演员、直射光线下浅色的对象时，使用此测光模式能够获得很好的曝光效果。

▶ 在拍摄舞台表演的照片时，使用高亮显示重点测光模式可以保证明亮的部分有丰富的细节『焦距：300mm ┊ 光圈：F7.1 ┊ 快门速度：1/320s ┊ 感光度：ISO800 』

定点测光 ⊡

　　定点测光也是一种高级测光模式，相机只对画面中央区域的很小一部分进行测光，当主体和背景的亮度差较大时，最适合使用定点测光模式拍摄。

　　由于定点测光的测光面积非常小，在实际使用时，一定要准确地将测光点（即对焦点）对准在要测光的对象上。这种测光模式是拍摄剪影照片的最佳测光模式。

　　此外，在拍摄人像时也常采用这种测光模式，将测光点对准人物的面部或皮肤其他位置，即可使人物的皮肤获得准确曝光。

◀使用定点测光模式对夕阳周围的天空进行测光，使用逆光将大树拍出剪影效果，增强了画面的形式美感『焦距：70mm ┆光圈：F8 ┆快门速度：1/1000s ┆感光度：ISO200』

使用多点测光时优先曝光面部

　　使用多点测光模式拍摄人像题材时，可以通过"多点测光中脸部优先"菜单，设置是否启用脸部优先功能。

　　在拍摄时，选择"ON"选项，相机会优先对画面中的人物面部进行测光，然后再以所测的数据为依据，平衡画面的整体测光情况。

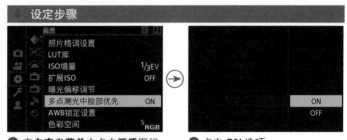

❶ 在**自定义菜单**中点击**画质**图标，然后点击**多点测光中脸部优先**选项

❷ 点击 **ON** 选项

第 4 章
灵活运用曝光模式
拍出好照片

智能自动模式 iA

大部分情况下，使用此模式可以拍出效果非常好的照片。在智能自动模式下，相机会智能检测当前的拍摄场景，可以检测肖像、肖像和动物、风景、微距、夜景肖像、夜景、食物、日落、低照度、iA 等拍摄场景，当相机检测到场景时，拍摄模式图标会更改，并且会自动调整出最佳拍摄设置，来匹配被摄体和拍摄条件。

在智能自动模式下，快门速度、光圈等参数全部由相机自动设定，拍摄者无法主动控制成像效果。

▶ 设定方法

旋转模式拨盘使 iA 图标对齐白色标志，即为智能自动模式

程序自动曝光模式 P

在此模式下，相机会自动获知镜头的焦距和光圈范围，并根据此信息确定最优曝光组合。使用程序自动曝光模式拍摄时，摄影师仍然可以设置 ISO 感光度、白平衡、曝光补偿等参数。此模式的最大优点是操作简单、快捷，适合拍摄快照或那些不用十分注重曝光控制的场景，如新闻、纪实摄影或抓拍、自拍等。

在实际拍摄中，相机自动选择的曝光设置未必是最佳组合。例如，摄影师可能认为按此快门速度手持拍摄不够稳定，或者希望选用更大的光圈，此时可以利用程序偏移功能进行调整。

在 P 模式下，半按快门按钮，然后转动前拨盘或后拨盘直到显示所需要的快门速度或光圈数值，虽然光圈与快门速度数值发生了变化，但这些数值组合在一起仍然能够获得同样的曝光量。

▶ 设定方法

旋转模式拨盘使 P 图标对齐白色标志，即为程序自动模式。在 P 模式下，可以转动前拨盘或后拨盘选择快门速度和光圈的不同组合

▲ 使用程序自动曝光模式可以及时抓拍旅行中所见所闻『焦距：50mm ┊光圈：F5.6 ┊快门速度：1/320s ┊感光度：ISO160 』

快门优先曝光模式 S

　　在此拍摄模式下，用户可以转动前拨盘或后拨盘从 60s~1/8000s 之间选择所需快门速度，然后相机会自动计算光圈的大小，以获得正确的曝光组合。

　　较快的快门速度可以凝固动作或移动的主体；较慢的快门速度会产生模糊的效果，从而获得动感效果。

▶ 设定方法

旋转模式拨盘使 S 图标对齐白色标志，即为快门优先曝光模式。在 S 模式下，可以转动前拨盘或后拨盘选择快门速度

▲ 用快门优先曝光模式抓拍到飞鸟的精彩瞬间『焦距：400mm ┊ 光圈：F5.6 ┊ 快门速度：1/1600s ┊ 感光度：ISO500』

▲ 用快门优先曝光模式将流水拍出如丝般柔顺的效果『焦距：24mm ┊ 光圈：F16 ┊ 快门速度：2s ┊ 感光度：ISO100』

光圈优先曝光模式 A

在光圈优先曝光模式下，相机会根据当前设置的光圈大小自动计算出合适的快门速度。使用光圈优先曝光模式可以控制画面的景深，在同样的拍摄距离下，光圈越大，景深越小，画面中的前景、背景的虚化效果就越好；反之，光圈越小，景深越大，则画面中的前景、背景的清晰度就越高。

▶ 设定方法

旋转模式拨盘使 A 图标对齐白色标志，即为光圈优先曝光模式。在 A 模式下，可以转动前拨盘或后拨盘选择光圈

◀ 使用光圈优先曝光模式并配合大光圈的运用，可以得到非常漂亮的背景虚化效果，这也是人像摄影中很常见的一种表现形式『焦距：85mm┊光圈：F2┊快门速度：1/640s┊感光度：ISO100』

高手点拨：当光圈过大而导致快门速度超出了相机的极限时，如果仍然希望保持该光圈，可以尝试降低ISO感光度的数值，或使用中灰滤镜降低光线的进入量，从而保证画面曝光准确。

▲ 使用小光圈拍摄的风光，使画面获得足够大的景深『焦距：17mm┊光圈：F16┊快门速度：1/50s┊感光度：ISO100』

手动曝光模式 M

在手动曝光模式下，所有拍摄参数都需要摄影师手动进行设置。使用此模式拍摄有以下几个优点。

▶ 设定方法

旋转模式拨盘使 M 图标对齐白色标志，即为手动曝光模式。在 M 模式下，可以转动前拨盘选择光圈，转动后拨盘选择快门速度

首先，使用 M 挡手动曝光模式拍摄时，当摄影师设置好恰当的光圈和快门速度数值后，即使移动镜头进行再次构图，光圈与快门速度的数值也不会发生变化。

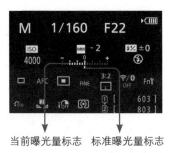

当前曝光量标志　标准曝光量标志

高手点拨：在改变光圈、快门速度或感光度时，曝光量标志会左右移动，当曝光量标志位于标准曝光量标志的位置时，能获得相对准确的曝光。

其次，使用其他曝光模式拍摄时，往往需要根据场景的亮度，在测光后进行曝光补偿操作；而在 M 挡手动曝光模式下，由于光圈与快门速度的数值都是由摄影师设定的，因此在设定的同时就可以将曝光补偿考虑在内，从而省略了曝光补偿的设置过程。因此，在手动曝光模式下，摄影师可以按照自己的想法使影像曝光不足，使照片显得较暗，给人以忧伤的感觉；或者使影像稍微过曝，从而拍摄出明快的高调照片。

另外，当在摄影棚拍摄并使用了频闪灯或外置非专用闪光灯时，由于无法使用相机的测光系统，需要使用测光表或通过手动计算来确定正确的曝光值，此时就需要手动设置光圈和快门速度，以实现正确的曝光。

▲ 在影楼中拍摄人像时经常使用全手动曝光模式，由于光线稳定，基本上不需要调整光圈和快门速度，只需改变焦距和构图即可

B 门曝光模式

　　B 门曝光模式在松下 DC-S5M2 相机的屏幕上显示为"BULB"，在 B 门模式下，持续地完全按下快门按钮将使快门一直处于打开状态，直到松开快门按钮后才关闭，即完成整个曝光过程，因此曝光时间取决于快门按钮被按下与被释放的过程，最长支持 30 分钟的曝光时间。

　　由于使用这种曝光模式拍摄时，可以持续地长时间曝光，因此特别适合拍摄天体、焰火等需要长时间曝光并手动控制曝光时间的题材。

　　需要注意的是，使用 B 门模式拍摄时，为了避免所拍摄的照片模糊，应该使用三脚架及遥控快门线辅助拍摄。若不具备此条件，则应将相机放置在平稳的水平面上，然后在"快门延迟"菜单中选择 2 秒或更长的快门延迟时间，最大限度地减少相机抖动或按下快门时导致的画面模糊。

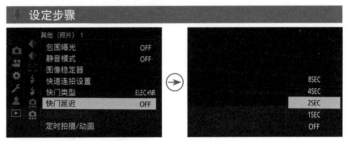

❶ 在**自定义菜单**中点击**其他（照片）1** 图标，然后点击**快门延迟**选项　　❷ 点击选择一个时间选项

▶ 设定方法

在 M 模式下，转动后拨盘直至快门速度显示为 BULB，即为 B 门曝光模式。在 B 门曝光模式下，最长曝光时间为 30 分钟

▼ 用 B 门拍摄车轨、云瀑与瀑布

自定义拍摄模式 C1~C3

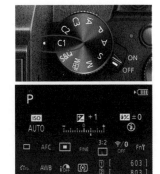

松下 DC-S5M2 相机提供了三个自定义拍摄模式，即 C1、C2 和 C3。在这种模式下，相机会使用用户自定义的拍摄参数进行拍摄，可自定义的拍摄参数包括拍摄模式、ISO 感光度、自动对焦模式、自动对焦点、测光模式、图像质量和白平衡等。

可以事先将这些拍摄参数设置好，以应对某一特定的拍摄题材。例如，若经常需要拍摄夜景，则可以将拍摄模式设置为 B 门、开启慢速曝光降噪功能、将色温调整至 2800K，这样就能够轻松地拍摄出画面纯净、灯光璀璨的蓝调夜景，并将这些参数定义给 C1。下次再拍摄同样的场景时，只需要切换至 C1 曝光模式，即可调出这一组参数。

▶ 设定方法

旋转模式拨盘使 C1 ~ C3 图标对齐白色标志，即为自定义拍摄模式

注册自定义拍摄模式

在注册时，先在相机中设定要注册到 C 模式中的各种拍摄参数，如拍摄模式、曝光组合、自动对焦模式、自动对焦点、测光模式、驱动模式、曝光补偿量和闪光补偿量等。然后按下面所示的操作步骤进行操作即可。

❶ 在**设置菜单**中点击**设置**图标，然后点击**保存到自定义模式**选项　　❷ 点击选择要注册的自定义模式　　❸ 点击**是**选项

加载自定义模式

在此菜单中，可以将注册的自定义模式设置，调用到所选拍摄模式，并使用这些设置覆盖当前设置。

❶ 在**设置菜单**中点击**设置**图标，然后点击**加载自定义模式**选项　　❷ 点击选择要加载的自定义模式　　❸ 点击**是**选项

自定义模式设置

在"自定义模式设置"菜单中，用户可以设置"自定义模式的限制数量""编辑名称""如何重新加载自定义模式"及"选择加载详情"选项。

在"自定义模式的限数量"选项中，用户可以选择保存自定义模式的数量，在松下DC-S5M2相机中最多可以保存10种自定义模式，如果不需要这么多，可以在此选择所需的数量。

值得一提的是"如何重新加载自定义模式"，在此选项中可以选择"改变录制模式""从睡眠模式返回""电源ON"三个选项，例如将"电源ON"设置为"OFF"选项，拍摄时临时改变的参数，相机不会记录临时参数到自定义模式，选择"ON"选项，则用户临时改变的参数，会覆盖自定义模式中原来保存的参数，但在再次开启相机电源时，原来自定义模式保存的参数又会恢复。

设定步骤

❶ 在**设置菜单**中点击**设置**图标，然后点击**自定义模式设置**选项

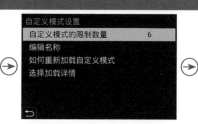

❷ 点击**自定义模式的限制数量**选项

❸ 点击选择所需的选项

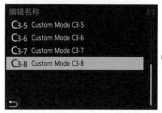

❹ 若在步骤❷中选择了**编辑名称**选项，在此选择要重命名的自定义模式选项

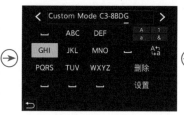

❺ 在此选择所需字母输入，然后点击设置图标

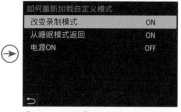

❻ 若在步骤❷中选择了**如何重新加载自定义模式**选项，在此可以选择**改变录制模式**、**从睡眠模式返回**、**电源 ON** 选项

❼ 点击 **ON** 选项

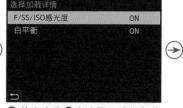

❽ 若在步骤❷中选择了**选择加载详情**选项，在此可以选择 **F/SS/ISO 感光度**和**白平衡**选项

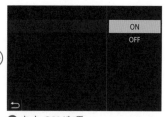

❾ 点击 **ON** 选项

第 5 章
拍出佳片必须掌握的高级曝光技巧

通过直方图判断曝光是否准确

直方图的作用

直方图是相机曝光时所捕获的影像色彩或影调的信息，是一种能够反映照片曝光情况的图示。通过查看直方图所呈现的信息，可以帮助拍摄者判断曝光情况，并以此做出相应调整，从而得到最佳的曝光效果。

很多摄影师都会陷入这样一个误区，在显示屏上看到的影像很棒，便以为真正的曝光结果也会不错，但事实并非如此。这是由于很多相机的显示屏处于出厂时的默认状态，显示屏的对比度和亮度都比较高，摄影师就会误以为拍摄到的影像很漂亮，倘若不看直方图，往往会感觉画面的曝光刚好合适。但在计算机屏幕上观看时，却发现在相机上查看时感觉还不错的画面，暗部层次却丢失了，即使使用后期处理软件挽回了部分细节，效果也不是太好。

因此，在拍摄时要随时查看照片的直方图，这是值得信赖的判断照片曝光是否正确的唯一依据。

▲直方图呈现出山峰一样的形态，主峰位于中间，且不存在死黑或死白的区域，说明此照片为曝光正常的图像『焦距：50mm ┊光圈：F11 ┊快门速度：1/100s ┊感光度：ISO100』

高手点拨：直方图只是评价照片曝光是否准确的重要依据，而不是评价好照片的依据。在特殊的表现形式下，曝光过度或曝光不足都可以呈现独特的视觉效果，因此不能以此作为评价照片优劣的标准。

❶ 在**自定义菜单**中点击**监视器 / 显示器（照片）**图标，然后点击**直方图**选项

❷ 点击 **ON** 选项

▲ 即可在拍摄时显示直方图

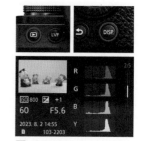

▶ 设定方法

按播放按钮并按◀或▶方向键选择照片，然后按 DISP 按钮切换至详细信息显示界面，按▼方向键可以查看直方图

利用直方图分区判断曝光情况

直方图的横轴表示亮度等级（从左至右对应从黑到白）；纵轴表示图像中各种亮度像素数量的多少，峰值越高，表示这个亮度的像素数量越多。因此，拍摄者可以通过观看直方图的显示状态来判断照片的曝光情况。

下面这张图标示出了直方图的每个分区和图像亮度之间的关系，像素堆积在直方图左侧或者右侧的边缘则意味着部分图像超出了直方图范围。其中右侧边缘出现黑色线条表示照片中有部分像素曝光过度，摄影师需要根据具体情况调整曝光参数，以避免照片中出现大面积曝光过度的区域。如果第 8 分区或者更高的分区有大量黑色线条，代表图像有部分较亮的高光区域，而且这些区域是有细节的。

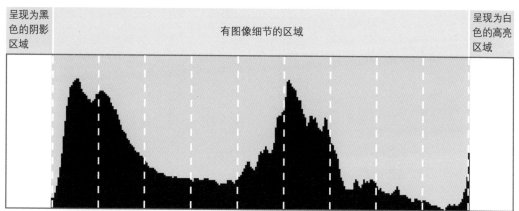

▲ 数码相机的区域系统

分区序号	说明	分区序号	说明
0分区	黑色	第6分区	色调较亮、色彩柔和
第1分区	接近黑色	第7分区	明亮、有质感，但是色彩有些苍白
第2分区	有些许细节	第8分区	有少许细节，但基本上呈模糊、苍白的状态
第3分区	灰暗、细节呈现效果不错，但是色彩比较模糊	第9分区	接近白色
第4分区	色调和色彩都比较暗	第10分区	纯白色
第5分区	中间色调、中间色彩		

▲ 直方图分区说明表

需要注意的是，0 分区和第 10 分区分别代表黑色和白色，虽然在直方图中的区域大小与第 1~9 区相同，但实际上它只是代表直方图最左边（黑色）和最右边（白色），没有限定的边界。

认识三种典型直方图

曝光过度的直方图

当照片曝光过度时，画面中会出现大片白色的区域，很多细节都已丢失，反映在直方图上就是像素主要集中于横轴的右端（最亮处），并出现像素溢出现象，即高光溢出；而左侧较暗的区域则没有像素分布，因而该照片在后期无法补救。

▲ 曝光过度

曝光准确的直方图

当照片曝光准确时，画面的影调较为均匀，且高光、暗部和阴影处均没有细节丢失，反映在直方图上就是在整个横轴上从左端（最暗处）到右端（最亮处）都有像素分布，后期可调整的余地较大。

▲ 曝光准确

曝光不足的直方图

当照片曝光不足时，画面中会出现没有细节的黑色区域，丢失了过多的暗部细节，反映在直方图上就是，像素主要集中于横轴的左端（最暗处），并出现了像素溢出现象，即暗部溢出，而右侧较亮区域少有像素分布，故该照片在后期也无法补救。

▲ 曝光不足

设置曝光补偿让曝光更准确

曝光补偿的含义

相机的测光是基于 18% 中性灰建立的。由于单反相机的测光主要是由景物的平均反光率确定的，而除了反光率比较高的场景（如雪景、云景等）及反光率比较低的场景（如煤矿、夜景等），其他大部分场景的反光率都在 18% 左右，这一数值正是灰度为 18% 的物体的反光率。因此，可以简单地将相机的测光原理理解为：当所拍摄场景中被摄物体的反光率接近 18% 时，相机就会做到正确地测光。

所以，在拍摄一些极端环境，如较亮的白雪场景或较暗的弱光环境时，相机的测光结果就是错误的，此时就需要摄影师通过调整曝光补偿来得到想要的拍摄结果，如下图所示。

通过调整曝光补偿数值，可以改变照片的曝光效果，从而使拍摄出来的照片正确地传达出摄影师的表现意图。例如，通过增加曝光补偿，使照片轻微曝光过度以得到柔和的色彩与浅淡的阴影，赋予照片轻快、明亮的效果；或者通过减少曝光补偿，使照片变得阴暗。

曝光补偿用类似"±nEV"的方式来表示。"+1EV"是指在自动曝光的基础上增加 1 挡曝光，"－1EV"是指在自动曝光的基础上减少 1 挡曝光。

▶ 设定方法

在 iA、P、S、A、M 模式下，按下曝光补偿按钮，然后转动前拨盘或后拨盘调节曝光补偿值，半按快门确认选择

高手点拨：在 M 手动曝光模式下，只有当感光度设置为"AUTO（自动感光度）"时，才需调整曝光补偿值。

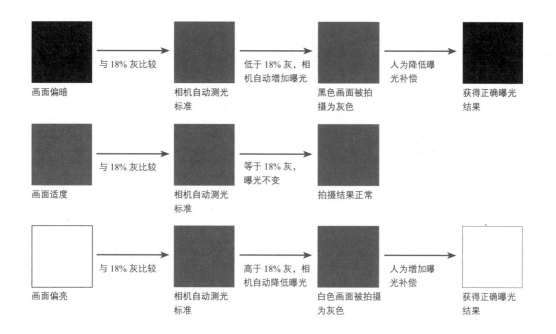

画面偏暗 → 与 18% 灰比较 → 相机自动测光标准 → 低于 18% 灰，相机自动增加曝光 → 黑色画面被拍摄为灰色 → 人为降低曝光补偿 → 获得正确曝光结果

画面适度 → 与 18% 灰比较 → 相机自动测光标准 → 等于 18% 灰，曝光不变 → 拍摄结果正常

画面偏亮 → 与 18% 灰比较 → 相机自动测光标准 → 高于 18% 灰，相机自动降低曝光 → 白色画面被拍摄为灰色 → 人为增加曝光补偿 → 获得正确曝光结果

正确理解曝光补偿

许多摄影初学者在刚接触曝光补偿时，以为使用曝光补偿就可以在曝光参数不变的情况下，提亮或加暗画面，这个想法是错误的。

实际上，曝光补偿是通过改变光圈或快门速度来提亮或加暗画面的，即在光圈优先曝光模式下，如果要增加曝光补偿，相机实际上是通过降低快门速度来实现的；如果要减少曝光补偿，则可通过提高快门速度来实现。

在快门优先曝光模式下，如果想要增加曝光补偿，相机实际上是通过增大光圈来实现的（当光圈达到镜头所标示的最大光圈时，曝光补偿就不再起作用）；如果要减少曝光补偿，则可通过缩小光圈来实现。

下面通过展示两组照片及其拍摄参数来佐证这一点。

▲ 焦距：50mm 光圈：F3.2 快门速度：1/8s 感光度：ISO100 曝光补偿：-0.3

▲ 焦距：50mm 光圈：F3.2 快门速度：1/6s 感光度：ISO100 曝光补偿：0

▲ 焦距：50mm 光圈：F3.2 快门速度：1/4s 感光度：ISO100 曝光补偿：+0.3

▲ 焦距：50mm 光圈：F3.2 快门速度：1/2s 感光度：ISO100 曝光补偿：+0.7

从上面展示的4张照片中可以看出，在光圈优先曝光模式下，调整曝光补偿实际上是改变了快门速度。

▲ 焦距：50mm 光圈：F4 快门速度：1/4s 感光度：ISO100 曝光补偿：-0.3

▲ 焦距：50mm 光圈：F3.5 快门速度：1/4s 感光度：ISO100 曝光补偿：0

▲ 焦距：50mm 光圈：F3.2 快门速度：1/4s 感光度：ISO100 曝光补偿：+0.3

▲ 焦距：50mm 光圈：F2.5 快门速度：1/4s 感光度：ISO100 曝光补偿：+0.7

从上面展示的4张照片中可以看出，在快门优先曝光模式下，调整曝光补偿实际上是改变了光圈大小。

Q：为什么有时即使不断增加曝光补偿，所拍摄出来的画面仍然没有变化？

A：发生这种情况，通常是由于曝光组合中的光圈值已经达到了镜头的最大光圈限制。

使用包围曝光功能多拍优先

包围曝光是指通过设置一定的曝光、光圈、对焦点或白平衡（调整值或色温）变化范围，然后分别拍摄多张不同曝光、光圈、对焦点或白平衡照片的拍摄技法。例如将曝光包围设置为 ±1EV 时，即代表分别拍摄减少 1 挡曝光、正常曝光和增加 1 挡曝光的照片，从而兼顾画面的高光、中间调及暗部区域的细节。松下 DC-S5M2 支持在 ±3EV 之间以 1/3 级为单位调节包围曝光。

什么情况下应该使用曝光包围

如果拍摄现场的光线很难把握，或者拍摄的时间很短，为了避免曝光不准确而失去这次难得的拍摄机会，可以使用曝光包围功能确保万无一失。此时可以设置曝光包围模式，使相机针对同一场景连续拍摄出 3 张曝光略有差异的照片。每一张照片曝光量具体相差多少，可由摄影师自己确定。在具体拍摄过程中，摄影师无须调整曝光量，相机将根据设置自动在第一张照片的基础上增加、减少一定的曝光量拍摄出另外两张照片。

按此方法拍摄出来的 3 张照片中，总会有一张是曝光相对准确的照片，因此使用曝光包围功能可以提高拍摄的成功率。

设置包围曝光类型

在"包围曝光"菜单中，用户可以根据拍摄需要选择包围曝光类型，松下 DC-S5M2 相机支持曝光包围、光圈包围、对焦包围、白平衡包围、白平衡包围（色温）五种类型，日常拍摄中常用的是曝光包围。

❶在照片菜单中点击其他（照片）1 图标，然后点击包围曝光选项　　❷点击包围曝光类型选项　　❸点击曝光包围选项

设置包围曝光调整幅度

在松下 DC-S5M2 相机中，可以在"包围曝光"菜单的"调整幅度"中指定要拍摄的数量和曝光补偿级。

可以在"3·1/3"至"7·1"间选择选项，一般的情况下选择"3·1/3"选项，即以 1/3 EV 级拍摄 3 张图像，但如果希望获得更丰富的素材也可以选择"7·1"选项，即以 1 EV 级拍摄 7 张图像。

设定步骤

❶ 在**包围曝光**菜单中点击**更多设置**选项　❷ 点击**调整幅度**选项　❸ 点击选择所需的选项

设置包围曝光拍摄顺序

"顺序"菜单用于设置自动包围曝光的顺序。

选择一种顺序后，拍摄时将按照这一顺序进行拍摄。在实际拍摄中，更改包围曝光顺序并不会对拍摄结果产生影响，用户可以根据自己的习惯进行设置。

● 0/-/+：选择此选项，相机就会按照第一张标准曝光量、第二张减少曝光量、第三张增加曝光量的顺序进行拍摄。

● -/0/+：选择此选项，相机就会按照第一张减少曝光量、第二张标准曝光量、第三张增加曝光量的顺序进行拍摄。

设定步骤

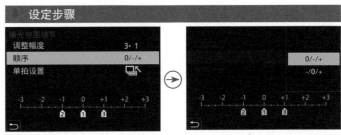

❶ 在**包围曝光**菜单中点击**顺序**选项　❷ 点击选择包围曝光的顺序

设置包围曝光拍摄方式

选择"□"选项，每次按快门按钮，仅能拍摄 1 张照片，设置多少张就要按多少次快门按钮；选择"❏↖"选项，使用连拍模式，可一次拍出所设置数量且曝光不同的素材照片。在拍摄时，BKT 图标会闪烁，直到设置数量的所有图像都被拍摄为止。

设定步骤

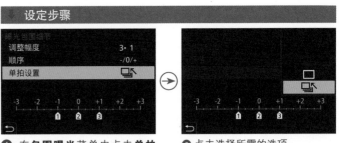

❶ 在**包围曝光**菜单中点击**单拍设置**选项　❷ 点击选择所需的选项

为合成 HDR 照片拍摄素材

对于风光、建筑等题材的拍摄，使用曝光包围功能可以拍摄出不同曝光结果的照片，并且后期进行 HDR 合成，可以得到高光、中间调及暗调都具丰富细节的照片。

高手点拨： 在风光摄影中，可以使用这种方法先获得不同区域准确曝光的照片，然后在后期处理软件中进行HDR合成，最后可以得到高光、中间调及暗调细节都丰富的照片。为了获得更大的后期处理空间，建议将素材照片拍摄成为RAW格式。

使用 CameraRaw 合成 HDR 照片

虽然可以使用其他软件合成 HDR 照片，但应用最广泛的还是 Photoshop，下面讲解具体步骤。

❶ 在Photoshop中打开要合成HDR的4张照片，以启动CameraRaw软件。

❷ 在左侧列表中选中任意一张照片，按Ctrl+A组合键选中所有的照片。按Alt+M组合键，或者单击列表右上角的菜单按钮≡，在弹出的菜单中选择"合并到HDR"命令。

▲ 选择"合并到 HDR"命令

❸ 在"HDR合并预览"对话框中保持默认设置。

❹ 单击"合并"按钮，在弹出的对话框中选择保存文件的位置，并用默认的DNG格式进行保存。保存后的文件会与之前的素材一起显示在左侧列表中。

❺ 至此，HDR合成就已经完成。用户可根据需要，在其中适当调整曝光及色彩等属性，直至满意。

▲ "HDR 合并预览"对话框

什么情况下应该使用对焦包围

在拍摄静物商品时，如淘宝商品，一般需要画面内容是全部清晰的，但在拍摄时，即使缩小光圈，也不能保证整个画面的清晰度一样，此时，便可以使用全景深法拍摄，然后通过后期处理得到画面全部清晰的照片。

全景深即指画面的每一处都是清晰的，要想得到全景深照片，需要先拍摄多张针对不同位置对焦的照片，然后再利用后期软件合成。

而在松下 DC-S5M2 相机中不需要那么麻烦，只需在"包围曝光类型"中选择"对焦包围"选项，设定好幅度、张数和顺序，让相机自动拍摄出多张焦点不同的照片，从而得到一组照片，省去了人工调整对焦点的操作。设定步骤如下图所示。该功能对微距、静物商业摄影非常有用，解决了对焦微调问题，不过不能在机内将照片合成为一张全景深照片，仍需后期在软件中进行合成。

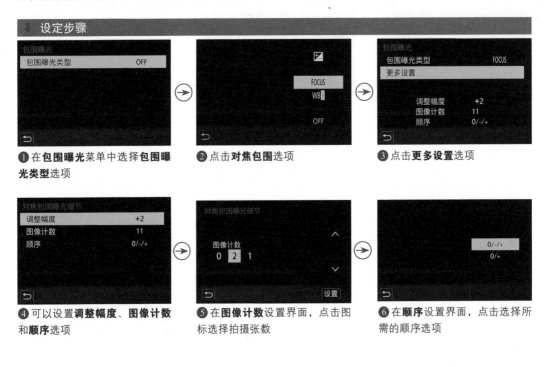

设定步骤

① 在**包围曝光**菜单中选择**包围曝光类型**选项

② 点击**对焦包围**选项

③ 点击**更多设置**选项

④ 可以设置**调整幅度**、**图像计数**和**顺序**选项

⑤ 在**图像计数**设置界面，点击图标选择拍摄张数

⑥ 在**顺序**设置界面，点击选择所需的顺序选项

● 调整幅度：设置焦点调整步级。如果初始对焦点很近，对焦点移动的距离变短；如果很远，则距离变长。

● 图像计数：设置图像的拍摄张数。按下快门按钮时，将以连拍的方式拍摄此处设置的张数。

● 顺序：选择"0/-/+"选项，将用初始对焦点作为参考，以向前和向后顺序交替移动对焦点进行拍摄；选择"0/+"选项，将用初始对焦点作为参考，向远距离方向移动对焦点进行拍摄。

什么情况下应该使用光圈包围

当在一个拍摄场景中拍摄时,实在不知道设置多大的光圈值,能得到最佳的拍摄效果,就可以使用光圈包围功能,拍摄一组不同景深的照片,再从中挑选效果最佳的照片。

在"包围曝光"菜单中选择"光圈包围"选项,用户可以选择 3 张、5 张或 ALL 全部的拍摄张数。例如,当前光圈设置为 F9,那么选择拍摄张数为 3 后,可以在光圈 F9 的基础上,分别拍摄加大一挡光圈、F9 光圈、减少一挡光圈的照片,得到光圈为 F6.3、F9、F13 的三张照片。如果选择"5 张"拍摄张数,则在基础光圈的基础上,分别各延伸 2 挡光圈拍摄 5 张照片;如果选择"ALL"拍摄张数,那么在当前镜头的最大光圈到最小光圈的范围内,比如 F2.8~F22,以整数挡位光圈值全部各拍摄一张照片。

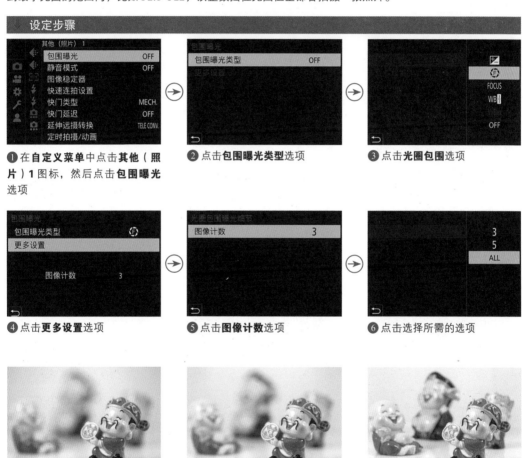

设定步骤

❶ 在**自定义菜单**中点击**其他(照片)1**图标,然后点击**包围曝光**选项

❷ 点击**包围曝光类型**选项

❸ 点击**光圈包围**选项

❹ 点击**更多设置**选项

❺ 点击**图像计数**选项

❻ 点击选择所需的选项

▲ 使用光圈包围功能拍摄的三张照片

利用曝光锁定功能锁定曝光值

　　利用曝光锁定功能可以在测光期间锁定曝光值。此功能的作用是，允许摄影师针对某一个特定区域进行对焦，而对另一个区域进行测光，以拍摄出曝光正常的照片。

　　松下 DC-S5M2 相机没有曝光锁定按钮，要使用曝光锁定功能，需要将此功能指定到一个按钮，然后按下该按钮，才可以进行曝光锁定操作，设定步骤如下图所示。使用曝光锁定功能的方便之处在于，即使松开半按快门的手，重新进行对焦、构图，只要按住曝光锁定按钮，那么相机还是会以刚才锁定的曝光参数进行曝光。

　　进行曝光锁定的操作方法如下。

❶ 对准选定区域进行测光，如果该区域在画面中所占比例很小，则应靠近被摄物体，使其充满屏幕的中央区域。

❷ 半按快门，此时在屏幕中会显示一组光圈和快门速度组合数据。

❸ 按下曝光锁定按钮，释放快门，相机则会记住刚刚得到的曝光值。

❹ 在保持按住曝光锁定按钮的状态下，重新取景构图，完全按下快门即可完成拍摄。

❶ 在**自定义菜单**中点击**操作**图标，然后点击 **Fn 按钮设置**选项　　❷ 点击**用拍摄模式设置**选项

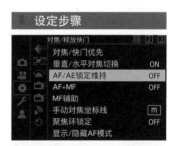

❶ 在**自定义菜单**中点击**对焦 / 释放快门**图标，然后点击 **AF/AE 锁定维持**选项

❸ 点击选择要注册的按钮，此处以选择 LVF 按钮为例　　❹ 点击选择 **AE LOCK** 选项

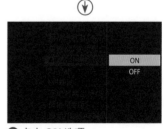

❷ 点击 **ON** 选项

　　在默认设置下，只有保持按住指定曝光锁定的按钮才锁定曝光，在重新构图时有时候不方便，此时可以在"AF/AE 锁定维持"菜单中，选择"ON"选项，这样就可以按一下指定曝光锁定按钮锁定曝光，当再次按一下指定曝光锁定按钮时即可解除锁定曝光，摄影师可以更灵活、方便地改变焦距构图或切换对焦点的位置。

利用智能动态范围使画面细节更丰富

在拍摄光比较大的画面时容易丢失细节，当亮部过亮、暗部过暗或明暗反差较大时，启用"智能动态范围"功能可以进行不同程度的校正。

例如，在直射明亮的阳光下拍摄时，拍出的照片中容易出现较暗的阴影与较亮的高光区域。启用"智能动态范围"功能，可以确保所拍摄照片中的高光和阴影部分不会丢失细节。因为此功能会使照片的曝光稍欠一些，有

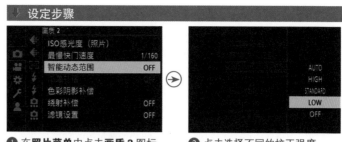

❶ 在**照片菜单**中点击**画质 2** 图标，然后点击**智能动态范围**选项

❷ 点击选择不同的校正强度

助于防止照片的高光区域完全变白而显示不出任何细节，同时还能够避免因曝光不足而使阴影区域中的细节丢失。

▲ 通过对比开启和关闭"智能动态范围"功能拍摄的照片可以看出，将"智能动态范围"设为"HIGH"拍摄的画面高光得到了抑制，阴影部分也得到了提亮『焦距：135mm ┊ 光圈：F2.8 ┊ 快门速度：1/400s ┊ 感光度：ISO100』

利用实时视图合成光绘照片

松下 DC-S5M2 相机的"实时视图合成"功能，可以将一系列照片中的最亮部分合成到一张照片上，因此适合拍摄星轨、烟花、光绘等题材。

一般使用此功能拍摄处于弱光环境，为了保证画面清晰，需要使用三脚架固定相机，将模式拨盘设置为 M 手动曝光模式，在"实时视图合成"菜单中设定一个快门延迟时间并选择"开始"选项，出现提示后用户可以转动后拨盘在 60s ~1/1.6s 之间设置快门速度，按下 ISO 按钮，转动前拨盘或后拨盘在 ISO100 ~ ISO3200 之间设置 ISO 感光度，然后按下快门按钮拍一张用于降噪的黑场照片，再接着按下快门按钮后将正式进行视图合成拍摄，如果是拍摄光绘照片，就可以在取景范围内绘制图案了，绘制结束后按下快门按钮停止拍摄，按 Q 按钮结束实时视图合成。如果拍摄星轨，则慢慢等待相机合成到想要的效果，再按下快门按钮停止拍摄，按 Q 按钮结束实时视图合成，最多可以连续拍摄 3 小时，超过 3 小时会自动结束拍摄。

 设定步骤

❶ 将拍摄模式设置为 M 手动曝光模式

❷ 在**照片菜单**中点击**其他（照片）2** 图标，然后点击**实时视图合成**选项

❸ 点击**快门延迟**选项

❹ 点击选择一个快门延迟选项

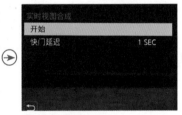

❺ 点击**开始**选项

❻ 出现此提示，此时可以设置快门速度和 ISO 感光度，然后按下快门按钮创建一张用于降噪的照片

❼ 出现此提示，此时按下快门按钮后，将开始实时视图合成拍摄

❽ 将自动进行合成，屏幕上会显示直方图、快门速度 * 合并的图像数量以及经过的时间

❾ 比如拍摄光绘，可以在录制时在取景范围内绘制，此图就是录制 40s 后的光绘效果

高手点拨：如果菜单中没有"实时视图合成"功能，则需要把固件更新到2.0。

通过智能手机遥控相机

在智能手机上安装 Panasonic LUMIX Sync 程序

　　使用智能手机遥控松下 DC-S5M2 相机时，需要在智能手机中安装 Panasonic LUMIX Sync 程序。苹果系统和安卓系统可以从松下官网下载安装。

在相机上进行相关设置

▲ Panasonic LUMIX Sync 图标

　　如果要将智能手机与松下 DC-S5M2 相机的 Wi-Fi 相连接，需要先在相机菜单中对 Wi-Fi 功能进行一定的设置，具体操作流程如下。

设定步骤

❶ 在**设置菜单**中点击 **IN/OUT 1** 图标，然后点击 **Wi-Fi** 选项

❷ 点击 **Wi-Fi 功能**选项

❸ 点击**新连接**选项

❹ 点击**用智能手机控制**选项

❺ 将显示 SSID，此时需要操作手机进行连接

❻ 打开手机的 Wi-Fi，找到相机上显示的名称并进行连接

❼ 提示网络连接完成

❽ 打开 Panasonic
LUMIX Sync 程序

❾ 显示此提示，此
时在相机菜单上点击
是选项

❿ 配对成功后 App
界面

在手机上遥控拍摄并传输照片

在 Panasonic LUMIX Sync
软件与相机建立连接后，通过
Panasonic LUMIX Sync 软件在
手机上遥控相机拍摄，并将存储
卡中的照片传输到智能手机上，
从而实现即拍即分享。

通过手机遥控相机拍摄可以
按以下步骤操作。

❶ 在 App 中点击**远
程拍摄**选项，进入拍
摄界面

❷ 点击下方的各个
选项，可以设置拍摄
参数

❸ 如图是设置曝光
补偿，可以点击选择
所需的数值

❹ 点击 Q.MENU 图标，可以进入此界面设置常用功能

❺ 在步骤❷界面中，点击▤图标，可以显示此界面，根据拍摄需要设置里面的功能

❻ 点击右下角的录制图标可以录制视频

❼ 录制视频界面

要将相机上的照片传输到手机上可以按如下步骤操作。

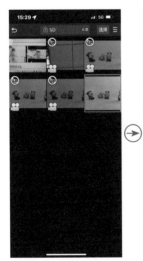

❶ 在 App 中点击**导入影像**图标，可以显示如上图所示的缩略图界面

❷ 点击红框所在的下载图标

❸ 将复制照片传输到手机，传输完成后可以在手机图库看到所下载的照片

❹ 在步骤❷界面中，如果点击▤图标，可以设置保存照片的大小及格式

第6章

认识镜头分类及松下微单镜头推荐

镜头标识名称解读

通常镜头名称中会包含很多数字和字母，松下L卡口镜头可用于松下DC-S5M2相机，采用了独立的命名体系，各数字和字母都具有特定含义，熟记这些数字和字母所代表的含义，就能很快了解镜头的性能。

▲ L 卡口 70-200mm F4 O.I.S. 变焦镜头

L卡口 70-200mm F4 O.I.S.
❶ ❷ ❸ ❹

❶ L卡口：代表此镜头适用于松下DC-S5M2相机。

❷ 70-200mm：代表镜头的焦距范围。

❸ F4：表示镜头所拥有最大光圈的数值。光圈恒定的镜头采用单一数值表示。

❹ O.I.S：O.I.S.的全称是MEGA O.I.S.(光学图形稳定器)，表示镜头内部搭载了光学式手抖动补偿机构。

购买镜头合理搭配原则

摄影爱好者在选购镜头时应该注意各镜头的焦段搭配，尽量避免重合，甚至可以留出一定的"中空"。

比如LUMIX S PRO 16-35mm F4、L卡口 24-70mm F2.8、L卡口 70-200mm F4 O.I.S.镜头，覆盖了从广角到长焦最常用的焦段，且各镜头之间焦距的衔接紧密，三款镜头的焦段重叠很少，因此浪费也较少。

15~35mm焦段	24~70mm焦段	70~200mm焦段
LUMIX S PRO 16-35mm F4	L卡口 24-70mm F2.8	L卡口 70-200mm F4 O.I.S.

了解恒定光圈镜头与浮动光圈镜头

恒定光圈镜头

恒定光圈，即指在镜头的任何焦段下都拥有相同的光圈。如 L 卡口 24-70mm F2.8 在 24 ～ 70mm 之间的任意一个焦距下拥有 F2.8 的大光圈，以保证充足的进光量、更好的虚化效果，所以价格也比较贵。

▲ 恒定光圈镜头 L 卡口 24-70mm F2.8

浮动光圈镜头

浮动光圈，是指光圈会随着焦距的变化而改变，例如松下 L 卡口 20-60mm F3.5-F5.6，当焦距为 20mm 时，最大光圈为 F3.5；而焦距为 60mm 时，其最大光圈就自动变为了 F5.6。浮动光圈镜头的性价比较高是其较大的优势。

▲ 浮动光圈镜头 L 卡口 20-60mm F3.5-F5.6

定焦镜头与变焦镜头的优劣势

在选购镜头时，除了要考虑原厂、副厂、拍摄用途之外，还涉及定焦与变焦镜头之间的选择。

如果用一句话来说明定焦与变焦的区别，那就是"定焦取景基本靠走，变焦取景基本靠扭"。由此可见，两者之间最大的区别就是一个焦距固定，另一个焦距不固定。

下面通过表格来了解一下两者之间的区别。

定焦镜头	变焦镜头
L 卡口 85mm F1.8	L 卡口 24–105mm F4 MACRO O.I.S.
恒定大光圈	浮动光圈居多，少数为恒定大光圈
最大光圈可达到 F1.8、F1.4、F1.2	少数镜头最大光圈能达到 F2.8
焦距不可调节，改变景别靠走	可以调节焦距，改变景别不用走
成像质量优异 ·	大部分镜头成像质量不如定焦镜头
除了少数超大光圈镜头，其他定焦镜头都售价低于恒定光圈的变焦镜头	生产成本较高，镜头售价较高

▲ 在这组照片中，摄影师只需选择合适的拍摄位置，就可利用变焦镜头拍摄出不同景别的人像作品

了解焦距对视角、画面效果的影响

焦距对拍摄视角有非常大的影响，例如，使用广角镜头的14mm焦距拍摄，其视角能够达到114°；而如果使用长焦镜头的200mm焦距拍摄，其视角只有12°。不同焦距镜头对应的视角如下图所示。

由于不同焦距镜头的视角不同，因此，不同焦距镜头适用的拍摄题材也有所不同。比如，焦距短、视角宽的广角镜头常用于拍摄风光；而焦距长、视角窄的长焦镜头则常用于拍摄体育比赛、鸟类等位于远处的对象。要牢记不同焦段的镜头的特点，可以从下面这句口诀开始："短焦视角广，长焦压空间。望远景深浅，微距景更短。"

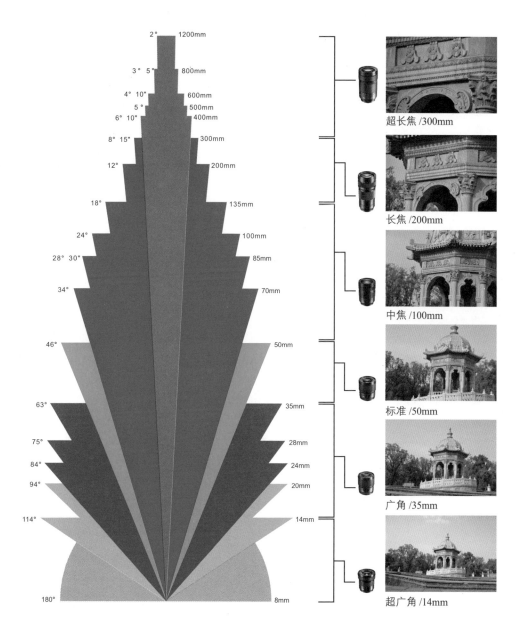

超长焦 /300mm

长焦 /200mm

中焦 /100mm

标准 /50mm

广角 /35mm

超广角 /14mm

高素质镜头点评

L卡口 50mm F1.4镜头

这款镜头F1.4的超大光圈，可以实现相当小的景深与美丽的虚化效果，非常适合人像与微距题材的拍摄，同时在低光条件下拍摄夜景和人像题材，也能轻松应对。

这款镜头的光学结构为11组13片，其中包含了3片ED镜片、2片非球面镜片，而在镜片涂层工艺上，这支镜头采用了氟涂层，可以让镜头不容易附着油污，同时也能够更好地清理。

镜头具有高速 & 高精度对焦功能，与松下DC-S5M2相机的对焦功能相搭配，能够很好地捕捉运动中的人物、鸟类、动物等。目前这款镜头的售价为11998元。

镜片结构	11组13片
光圈叶片数	11
最大光圈	F1.4
最小光圈	F16
最近对焦距离（cm）	44
最大放大倍率	0.15
规格（mm）	90×130
质量（g）	955

LUMIX S PRO 16-35mm F4镜头

这款镜头具有16mm超广角焦距，与松下DC-S5M2全画幅微单相机搭配，可以获得宽广的视角，不仅可以将广阔的景物纳入画面中，更能进一步强调透视感，拍出壮观的感觉，特别适合建筑与风光摄影等。而镜头35mm的远摄端能够提供变形较少的自然视角及适度的透视效果，适合拍摄街拍、美食、人像等多种题材。

此镜头包含3 片ASPH镜片、1 片ED镜片、1 片UHR镜，更好地减少眩光、色差问题，得到更锐利、高质量的画面。目前这款镜头的售价为6998元。

镜片结构	9组12片
光圈叶片数	9
最大光圈	F4
最小光圈	F22
最近对焦距离（cm）	25
最大放大倍率	0.23
规格（mm）	85×99.6
质量（g）	500

L卡口 85mm F1.8镜头

这款镜头是一款适合拍摄人像的镜头，F1.8的最大光圈及9片光圈叶片组成的圆形光圈，可使画面获得漂亮的虚化效果。85mm的焦距是人像摄影的常用焦距，能获得较少变形的透视感与空间感，既可以拍摄面部特写，也可以拍摄人物全身像。

这款镜头设计紧凑、轻巧，重量仅为355g，安装在松下DC-S5M2微单相机上不会过于笨重，在长时间拍摄下也不会觉得累，镜头优秀的对焦性能，不管是拍摄照片还是视频，都能获得不错的画质，因此也适合旅行时携带。

这款镜头包含两片ED镜片，可以减少画面产生色散、色差的情况。目前这款镜头的售价为3398元。

镜片结构	8组9片
光圈叶片数	9
最大光圈	F1.8
最小光圈	F22
最近对焦距离（cm）	80
最大放大倍率	0.13
规格（mm）	73.6×82
质量（g）	355

LUMIX S PRO 70-200mm F2.8镜头

这款镜头具有最大相当于7级快门速度的防抖效果，加上F2.8的大光圈，让手持拍摄更加安心，而且是一款分辨率非常优秀的镜头，在70mm端F2.8最大光圈下的成像非常锐利，在200mm端最大光圈下画面的中心区域依旧成像优秀，但是边缘略逊于70mm端，当缩小光圈至F5.6时，边缘及中心成像都达到了最优效果。

此镜头使用了包括1片ASPH镜片、3片ED镜片、2片UED镜片，对多种像差进行有效补偿，实现了由画面中心到边缘的高画质。目前这款镜头的售价为15498元。

镜片结构	17组22片
光圈叶片数	11
最大光圈	F2.8
最小光圈	F32
最近对焦距离（cm）	95
最大放大倍率	0.21
规格（mm）	94.4×208.6
质量（g）	1570

适马28-70mm F2.8 DG DN镜头

这款镜头具有轻便、小巧、高画质的优点，并且这支镜头具备 L 卡口，使松下 DC-S5M2 相机在标准变焦镜头的选择方面，提供了一个全新的选择。

这款镜头在整个焦距范围内都具备不错的分辨率，在 28mm 端光圈全开的情况下，中心画面的锐度非常不错，而边缘画质较软，收缩一挡光圈之后，边缘画质也得到了大幅度的提升， 在 70mm 端光圈全开的情况下，中心画质要稍好于 28mm 端。

镜头采用了 9 片圆形光圈叶片，虽然不是主打虚化效果，但 F2.8 光圈结合 19cm 的最近对焦距离，同样可以营造出不错的虚化效果。另外，镜头在抑制画面暗角、色散、紫边和鬼影眩光方面，也都控制得不错。

在对焦方面，不管是 AFS 单次对焦，还是 AFC 连续自动对焦，都具备快速对焦能力，但在视频追焦方面，就略显不足，如果拍摄照片，那么此款镜头是不错的选择。目前这款镜头的售价为 5180 元。

镜片结构	12组16片
光圈叶片数	9
最大光圈	F2.8
最小光圈	F22
最近对焦距离（cm）	19~38
最大放大倍率	0.30~0.21
规格（mm）	72.2×101.5
质量（g）	470

适马85mm F1.4 DG DN 镜头

这款镜头同时实现了 "细节描写能力"和由 F1.4 大光圈带来的"梦幻虚化"，以 85mm 焦段搭配 F1.4 大光圈，可以轻松实现人像摄影中的大景深虚化效果，是为无反时代所开发的"专业人像镜头"。

镜头使用了 5 片 SLD 低色散镜片、1 片非球面镜片，并加入了新研发的高折射率镜片，配合镜头补偿功能，可以修正各种色散，镜头还具备完善的鬼影抑制设计，即使在逆光环境下拍摄，也能得到高画质效果。

镜头采用了针对相位对焦、反差对焦进行优化后的步进式对焦马达，支持人脸 / 眼部 AF 等相机功能，小口径对焦镜组使得镜头小型化，因为轻量化的小型镜身，这款镜头不仅可用于人像，日常抓拍效果也不错。目前这款镜头的售价为 6599 元。

镜片结构	12组16片
光圈叶片数	9
最大光圈	F2.8
最小光圈	F22
最近对焦距离（cm）	19~38
最大放大倍率	0.30~0.21
规格（mm）	72.2×101.5
质量（g）	470

适马105mm F2.8 DG DN MACRO镜头

这款微距镜头采用新光学设计，确保从极端特写到无限远都能有出色的清晰度，这在微距拍摄中至关重要。从画面中心一直到边缘，镜头都能提供出色的成像性能，也可以很好地处理画面边缘的色差，镜头还具有不错的减少眩光、鬼影能力，即使在逆光下也能拍摄得到清晰且锐利的照片。

除了针对微单相机中常用的脸部 / 人眼检测自动对焦功能进行优化外，镜头还使用了强大的环形超声波马达（HSM），可以实现高精度、超安静的自动对焦操作，而不会惊扰到昆虫。

背景虚化在中长焦拍摄中非常重要，使用这款镜头能创建出漂亮的光斑，而背景和前景中的自然虚化效果也为摄影表达提供了更大的灵活性。

此外，当配合使用适马 L 卡口专用增距镜 TC-1411（1.4x）和 TC-2011（2.0x）时，还可以在保持最近对焦距离的同时，以更高的放大倍率拍摄微距照片。目前这款镜头的售价为 5099 元。

镜片结构	12组17片
光圈叶片数	9
最大光圈	F2.8
最小光圈	F22
最近对焦距离（cm）	29.5
最大放大倍率	0.30~0.21
规格（mm）	74×133.6
质量（g）	715

适马14mm F1.4 DG DN 镜头

这款镜头包括 1 片 SLD 玻璃元件、3 片 FLD 玻璃元件和 4 片非球面镜片，具有先进的像差校正功能和高精度的镜头结构，能校正矢状彗差光斑、重影和眩光，即使在最大光圈下，镜头也能在图像边缘提供高分辨率图像，结合 14mm 的超广角焦距和 F1.4 的最大光圈，可以拍摄出清晰大场景的星空和夜景照片。

镜头有一个与 Arca-Swiss 类型兼容的可拆卸三脚架插座，连接三脚架插座有助于镜头以更稳定的方式安装在三脚架上，除此之外，镜头还配备了可分配任何功能的 AFL 按钮和光圈环，辅助摄影师拍摄。目前这款镜头的售价为 9797 元。

镜片结构	15组19片
光圈叶片数	11
最大光圈	F1.4
最小光圈	F16
最近对焦距离（cm）	30
最大放大倍率	0.084
规格（mm）	101.4×149.9
质量（g）	1170

第7章
滤镜及脚架等附件的
使用技巧

滤镜的形状

常见的滤镜有方形与圆形两类，下面分别讲解不同形状滤镜的优缺点。

圆形滤镜

圆形滤镜有便携、易用的优点，无论是旋入式还是磁吸式使用时均比方形滤镜更方便。

圆形滤镜可与遮光罩同时使用，不易出现漏光，且圆形滤镜可长期装在镜头上，不需要拆卸也能与镜头一同收纳和使用。

圆形滤镜的镜片有金属框架保护，更不易破损。

但使用圆形滤镜易出现暗角问题，且基本上不能多枚滤镜叠加使用，所以需要购买同一类型的多个不同规格镜片，实际使用成本较高；购买时需要与镜头口径一一对应，如滤镜口径为75毫米，就只能用在前镜组口径为75毫米的镜头上。

当圆形滤镜长时间安装在镜头上时，其螺纹可能会由于变形而无法拆下来。

方形滤镜

方形滤镜在购买时需要包含滤镜支架，且其材质通常是光学玻璃，因此，单价和总价都要比圆形滤镜高。

为了安装在不同口径的镜头上，需要购买不同的口径转接环，虽然，方形滤镜可以多片叠加使用，但由于滤镜支架存在间隙，因此容易出现漏光。

在安全性方面，方形滤镜由于没有保持边框则是玻璃材质，因此低于圆形滤镜，如果不及时清洁，还容易被带有腐蚀性的水雾侵蚀。

方形滤镜的优点是相比圆形滤镜，不易出现暗角；可与圆形滤镜中的偏振滤镜叠加使用；可多片叠加使用，实现更复杂的光线控制效果；与镜头的兼容性强，如150mm和100mm规格方形滤镜，能通过镜头口径转接环适配绝大多数主流规格的镜头。

▲ 圆形中灰镜

▲ 方形中灰镜

滤镜的材质

　　现在能够买到的滤镜一般有玻璃与树脂两种材质。

　　玻璃材质的滤镜在使用寿命上远远高于树脂材质的滤镜。树脂其实就是一种塑料，通过化学浸泡置换出不同减光效果的挡位，这种材质长时间在户外风吹日晒的环境下，很快就会偏色，如果照片出现严重的偏色，后期也很难校正。

　　玻璃材质的滤镜使用的是镀膜技术，质量过关的玻璃材质的滤镜使用几年也不会变色，当然价格也比树脂型滤镜高。

▲ 用合适滤镜过滤杂光获得纯净的色彩

UV 镜

　　UV 镜也叫"紫外线滤镜"，是滤镜的一种，主要是针对胶片相机设计的，用于防止紫外线对曝光的影响，提高成像质量和影像的清晰度。现在的数码相机已经不存在这种问题了，但由于其价格低廉，已成为摄影师用来保护数码相机镜头的工具。因此，强烈建议摄友在购买镜头的同时再购买一款 UV 镜，以更好地保护镜头不受灰尘、手印及油渍的影响。

　　除了购买原厂的 UV 镜，肯高、NISI 及 B+W 等厂商生产的 UV 镜也不错，性价比很高。

▲ B+W 77mm XS-PRO MRC UV 镜

保护镜

　　如前所述，在数码摄影时代，UV 镜的作用主要是保护镜头。开发这种 UV 镜可以兼顾数码相机与胶片相机，但考虑到胶片相机逐步退出了主流民用摄影市场，各大滤镜厂商在开发 UV 镜时已经不再考虑胶片相机。因此，这种 UV 镜演变成了专门用于保护镜头的一种滤镜：保护镜，这种滤镜的功能只有一个，就是保护昂贵的镜头。

　　与 UV 镜一样，口径越大的保护镜价格越高，通光性越好的保护镜价格也越高。

▲ 肯高保护镜

偏振镜

如果希望拍摄到具有浓郁色彩的画面、清澈见底的水面，或者想透过玻璃拍好物品等，一个好的偏振镜是必不可少的。

偏振镜也叫偏光镜或 PL 镜，可分为线偏和圆偏两种，主要用于消除或减少物体表面的反光。数码相机应选择有 "CPL" 标志的圆偏振镜，因为在数码微单相机上使用线偏振镜容易影响测光和对焦。

▲ 肯高 67mm C-PL（W）偏振镜

在使用偏振镜时，可以旋转其调节环以选择不同的强度，在取景器中可以看到一些色彩上的变化。同时需要注意的是，偏振镜会阻碍光线的进入，大约相当于减少两挡光圈的进光量，因此在使用偏振镜时，需要降低约两挡快门的速度，才能拍出与未使用偏振镜时相同曝光量的照片。

用偏振镜提高色彩饱和度

如果拍摄环境的光线比较杂乱，会对景物的颜色还原产生很大的影响。环境光和天空光在物体上形成的反光，会使景物的颜色看起来并不鲜艳。使用偏振镜进行拍摄，可以消除杂光中的偏振光，减少杂散光对物体颜色还原的影响，从而提高物体色彩的饱和度，使景物的颜色更加鲜艳。

▲ 在镜头前加装偏振镜进行拍摄，可以改变画面的灰暗色彩，增强色彩的饱和度

用偏振镜压暗蓝天

晴朗天空中的散射光是偏振光，利用偏振镜可以减少偏振光，使蓝天变得更蓝、更暗。加装偏振镜后拍摄的蓝天比只使用蓝色渐变镜拍摄的蓝天要更加真实，因为使用偏振镜拍摄，既能压暗天空，又不会影响其余景物的色彩还原。

用偏振镜抑制非金属表面的反光

使用偏振镜拍摄的另一个好处就是可以抑制被摄体表面的反光。在拍摄水面、玻璃表面时，经常会遇到反光情况，使用偏振镜则可以削弱水面、玻璃及其他非金属物体表面的反光。

▶ 随着转动偏振镜，水面上的倒映物慢慢消失不见

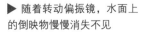

中灰镜

认识中灰镜

中灰镜又被称为 ND（Neutral Density）镜，是一种不带任何色彩成分的灰色滤镜，当将其安装在镜头前面时，可以减少镜头的进光量，从而降低快门速度。

中灰镜分为不同的级数，如 ND6（也称为 ND0.6）、ND8（0.9）、ND16（1.2）、ND32（1.5）、ND64（1.8）、ND128（2.1）、ND256（2.4）、ND512（2.7）、ND1000（3.0）。

不同级数对应不同的阻光挡位。例如，ND6（0.6）可降低 2 挡曝光，ND8（0.9）可降低 3 挡曝光。其他级数对应的曝光降低挡位分别为 ND16（1.2）4 挡、ND32（1.5）5 挡、ND64（1.8）6 挡、ND128（2.1）7 挡、ND256（2.4）8 挡、ND512（2.7）9 挡、ND1000（3.0）10 挡。

常见的中灰镜是 ND8（0.9）、ND64（1.8）、ND1000（3.0），分别对应降低 3 挡、6 挡、10 挡曝光。

▲ 安装了多片中灰镜的相机

◀ 通过使用中灰镜降低快门速度，拍摄出水流连成丝线状的效果『焦距：35mm ┊ 光圈：F16 ┊ 快门速度：1s ┊ 感光度：ISO100』

下面用一个小实例来说明中灰镜的具体作用。

我们都知道，使用较低的快门速度可以拍出如丝般的溪流、飞逝的流云效果，但在实际拍摄时，经常遇到的一个难题就是，由于天气晴朗、光线充足等原因，导致即使用了最小的光圈、最低的感光度，也仍然无法达到较低的快门速度，更不要说使用更低的快门速度拍出水流如丝般的梦幻效果。

此时就可以使用中灰镜来减少进光量。例如，在晴朗的天气条件下使用 F16 的光圈拍摄瀑布时，得到的快门速度为 1/16s，但使用这样的快门速度拍摄无法使水流产生很好的虚化效果。此时，可以安装 ND4 型号的中灰镜，或者安装两块 ND2 型号的中灰镜，使镜头的进光量减少，从而使快门速度降低至 1/4s，即可得到预期的效果。在购买 ND 镜时要关注三个要点，第一是形状，第二是尺寸，第三是材质。

中灰镜的基本使用步骤

在添加中灰镜后，根据减光级数不同，画面亮度会出现一定的变化。此时再进行对焦及曝光参数的调整则会出现诸多问题，所以只有按照一定的步骤进行操作，才能让拍摄顺利进行。

中灰镜的使用步骤如下。

1.使用自动对焦模式进行对焦，在准确合焦后，将对焦模式设为手动对焦。

2.建议使用光圈优先曝光模式，将ISO设置为100，通过调整光圈来控制景深，并拍摄亮度正常的画面。

3.将此时的曝光参数（光圈、快门和感光度）记录下来。

4.将曝光模式设置为M挡，并输入已经记录的在不加中灰镜时可以得到正常画面亮度的曝光参数。

5.安装中灰镜。计算安装中灰镜后的快门速度并进行设置。将快门速度设置完毕后，即可按下快门进行拍摄。

▲ 正确地使用中灰镜，才能得到想要的画面效果『焦距：20mm ⋮ 光圈：F22 ⋮ 快门速度：3s ⋮ 感光度：ISO50 』

计算安装中灰镜后的快门速度

在安装中灰镜时，需要对安装它之后的快门速度进行计算，下面介绍计算方法。

1.自行计算安装中灰镜后的快门速度。

不同型号的中灰镜可以降低不同挡数的光线。如果降低N挡光线，那么曝光量就会减少为$1/2^N$。因此，为了让照片在安装中灰镜之后与安装中灰镜之前能获得相同的曝光，则安装中灰镜之后，其快门速度应延长为未安装时的2^N。

例如，在安装减光镜之前，使画面亮度正常的曝光时间为1/125s，那么在安装ND64（减光6挡）之后，其他曝光参数不动，将快门速度延长为$1/125 \times 2^6 \approx 1/2s$即可。

2. 通过后期App计算安装中灰镜后的快门速度。

无论是在苹果手机的App Store中，还是在安卓手机的各大应用市场中，均能搜索到多款计算安装中灰镜后所用快门速度的App，此处以Long Exposure Calculator为例介绍计算方法。

（1）打开Long Exposure Calculator App。

（2）在第一栏中选择所用的中灰镜。

（3）在第二栏中选择未安装的中灰镜时，让画面亮度正常所用的快门速度。

（4）在最后一栏中则会显示不改变光圈和快门速度的情况下，加装中灰镜后，选择能让画面亮度正常的快门速度。

▲ Long Exposure Calculator App

▲ 快门速度计算界面

中灰渐变镜

认识渐变镜

在慢门摄影中，当在日出、日落等明暗反差较大的环境下，拍摄慢速水流效果的画面时，如果不安装中灰渐变镜，直接对地面景物进行长时间曝光，按地面景物的亮度进行测光并进行曝光，天空就会失去所有细节。

要解决这个问题，最好的选择就是用中灰渐变镜来平衡天空与地面的亮度。

渐变镜又被人们称为GND（Gradient Neutral Density）镜，是一种一半透光、一半阻光的滤镜，在色彩上也有很多选择，如蓝色和茶色等。在所有的渐变镜中，最常用的是中性灰色渐变镜。

拍摄时，将中灰渐变镜上较暗的一侧安排在画面中天空的部分。由于深色端有较强的阻光效果，因此可以减少进入相机的光线，从而保证在相同的曝光时间内，画面上较亮的区域进光量少，与较暗的区域在总体曝光量上趋于相同，使天空的层次更为丰富，而地面的景观也不会黑成一团。

▲ 1.3s 的长时间曝光使海岸礁石拥有丰富的细节，中灰渐变镜则保证天空不会过曝，并且得到了海面雾化的效果『焦距：17mm ┊ 光圈：F14 ┊ 快门速度：1.3s ┊ 感光度：ISO100 』

如何搭配选购中灰渐变镜

如果购买一片，建议选 GND 0.6 或 GND0.9。

如果购买两片，建议选 GND0.6 与 GND0.9 两片组合，可以通过组合使用覆盖 2~5 挡曝光。

如果购买三片，可选择软 GND0.6+ 软 GND0.9+ 硬 GND0.9。

如果购买四片，建议选择 GND0.6+ 软 GND0.9+ 硬 GND0.9+GND0.9 反向渐变，硬边渐变镜用于海边拍摄，反向渐变镜用于日出日落拍摄。

中灰渐变镜的形状

中灰渐变镜有圆形与方形两种。圆形中灰渐变镜是直接安装在镜头上的，使用起来比较方便，但由于渐变是不可调节的，因此只能拍摄天空约占画面50%的照片。方形中灰渐变镜的优点是，可以根据构图的需要调整渐变的位置，且可以叠加使用多个中灰渐变镜。

▲ 不同形状的中灰渐变镜

▲ 安装多片渐变镜的效果

中灰渐变镜的挡位

中灰渐变镜分为GND0.3、GND0.6、GND0.9、GND1.2等不同的挡位，分别代表深色端和透明端的挡位相差1挡、2挡、3挡及4挡。

▲ 方形中灰渐变镜安装方式

▲ 托架上安装方形中灰渐变镜后的相机

硬渐变与软渐变

根据中灰渐变镜的渐变类型，可以分为软渐变（GND）与硬渐变（H-GND）两种。

软渐变镜40%为全透明，中间35%为渐变过渡，顶部的25%区域颜色最深，当拍摄的场景中天空与地面过渡部分不规则，如有山脉或建筑、树木时使用。

硬渐变的镜片，一半透明，一半为中灰色，两者之间有少许过渡区域，常用于拍摄海平面、地平面与天空分界线等非常明显的场景。

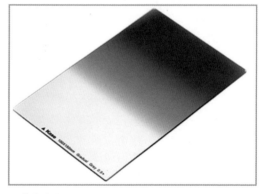
▲ 软渐变镜

如何选择中灰渐变镜挡位

在使用中灰渐变镜拍摄时，先分别对画面亮处（即需要使用中灰渐变镜深色端覆盖的区域）和要保留细节处测光（即渐变镜透明端覆盖的区域），计算出这两个区域的曝光相差等级，如果两者相差1挡，那么就选择0.3的镜片；如果两者相差2挡，那么就选择0.6的镜片，依次类推。

▲ 硬渐变镜

用三脚架与独脚架保持拍摄的稳定性

脚架类型及各自的特点

在拍摄微距、长时间曝光题材或使用长焦镜头拍摄动物时，脚架是必备的摄影配件之一，使用它可以让相机变得更稳定，即使在长时间曝光的情况下，也能够拍摄出清晰的照片。

对比项目		说　明
铝合金	碳素纤维	铝合金脚架的较便宜，但较重，不便携带 碳素纤维脚架的档次要比铝合金脚架高，便携性、抗震性、稳定性都很好，但是价格很高
三脚	独脚	三脚架稳定性好，在配合快门线、遥控器的情况下，可实现完全脱机拍摄 独脚架的稳定性要弱于三脚架，在使用时需要摄影师来控制独脚架的稳定性。但其体积和重量只有三脚架的1/3，携带十分方便
三节	四节	三节脚管的三脚架稳定性高，但略显笨重，携带稍微不便 四节脚管的三脚架能收纳得更短，因此携带更为方便。但是在脚管全部打开时，由于尾端的脚管比较细，稳定性不如三节脚管的三脚架好
三维云台	球形云台	三维云台的承重能力强、构图十分精准，缺点是占用的空间较大，在携带时稍显不便 球形云台体积较小，只要旋转按钮，便可让相机迅速转到所需要的角度，操作起来十分便利

分散脚架的承重

在海滩、沙漠、雪地拍摄时，由于沙子或雪比较柔软，三脚架的支架会不断地陷入其中，即使是质量很好的三脚架，也很难保持拍摄的稳定性。

尽管陷进足够深的地方能有一定的稳定性，但是沙子、雪会覆盖整个支架，容易造成脚架的关节处损坏。

在这样的情况下，就需要一些物体来分散三脚架的重量，一些厂家生产了"雪靴"，安装在三脚架上可以防止脚架陷入雪或沙子中。如果没有雪靴，也可以自制三脚架的"靴子"，比如平坦的石块、旧碗碟或屋顶的砖瓦都可以。

▲ 扁平状的"雪靴"可以防止脚架陷入沙地或雪地

用快门线控制拍摄

在拍摄长时间曝光的题材时,如夜景、慢速流水、车流,如果希望获得极为清晰的照片,只有三脚架支撑相机是不够的,因为直接用手去按快门按钮拍摄,还是会造成画面模糊。这时,快门线便派上用场了。使用快门线就是为了尽量避免直接按下机身快门按钮时可能产生的震动,以保证拍摄时相机保持稳定,从而获得更清晰的画面。

将快门线与相机连接后,可以半按快门线上的快门按钮进行对焦、完全按下快门进行拍摄,但由于不用触碰机身,因此,在拍摄时可以避免相机抖动。松下 DC-S5M2 相机可以使用型号 DMW-RS2GK 快门线。

▲ DMW-RS2GK 快门线

使用定时自拍避免相机震动

松下 DC-S5M2 相机可以选择 2s 或 10s 自拍模式,在这两种模式下,当摄影师按下快门按钮后,自拍定时指示灯会闪烁并且发出提示声音,然后相机分别于 2s 或 10s 后自动拍摄。

由于在 2s 自拍模式下,快门会在按下快门 2s 后,才开始释放并曝光,因此,可以将由于手部动作造成的震动降至最低,从而得到清晰的照片。

自拍模式适用于自拍或合影,摄影师可以预先取好景,并设定好对焦,然后按下快门按钮,在 10s 内跑到自拍处或合影处,摆好姿势等待拍摄便可。

定时自拍还可以在没有三脚架或快门线的情况下,用于拍摄长时间曝光的题材,如星空、夜景、雾化的水流、车流等。

▲ 当在没有三脚架的情况下想拍雾化的水流照片时,可以将相机设置为 2 秒自拍模式,然后将相机放置在稳定的地方进行拍摄,也是可以获得清晰画面的『焦距:28mm ┆光圈:F16 ┆快门速度:1.2s ┆感光度:ISO50 』

第8章
拍视频要理解的术语及必备附件

理解视频分辨率、频率、帧频、码率的含义

理解视频分辨率并进行合理设置

视频分辨率指每一个画面中所显示的像素数量，通常以水平像素数量与垂直像素数量的乘积或垂直像素数量表示。视频分辨率数值越大，画面就越精细，画质就越好。

松下的每一代机型在视频功能上均有所增强，松下 DC-S5M2 相机在全画幅视频图像区域模式下，可以支持 6K、5.9K、C4K、4K 及 FHD 录制质量，在 APS-C 视频图像区域模式下，可以支持 3.3K、C4K、4K 及 FHD 录制质量，画面比例效果见下图示例。

需要注意的是，若要享受高分辨率带来的精细画质，除了需要设置相机录制高分辨率的视频以外，还需要观看视频的设备具有该分辨率画面的播放能力。

比如录制了一段 4K（分辨率为 3840×2160）视频，但观看这段视频的电视、平板或者手机只支持全高清（分辨率为 1920×1080）播放，那么呈现出来视频的画质就只能达到全高清，而到不了 4K 的水平。

因此，建议各位在拍视频之前先确定输出端的分辨率上限，然后再确定相机视频的分辨率设置。从而避免因为过大的文件对存储和后期操作等造成没必要的负担。

❶ 在**视频菜单**中点击**图像格式**图标，然后点击**录制质量**选项

❷ 点击选择需要的视频分辨率

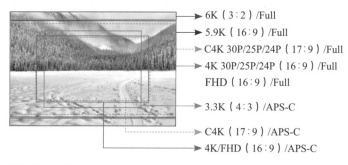

- 6K（3:2）/Full
- 5.9K（16:9）/Full
- C4K 30P/25P/24P（17:9）/Full
- 4K 30P/25P/24P（16:9）/Full
- FHD（16:9）/Full
- 3.3K（4:3）/APS-C
- C4K（17:9）/APS-C
- 4K/FHD（16:9）/APS-C

设定系统频率

不同国家、地区的电视台播放视频的帧频是有统一规定的，称为电视制式。全球分为两种电视制式，分别为北美、日本、韩国、墨西哥等国家使用的 NTSC 制式和中国、欧洲各国、俄罗斯、澳大利亚等国家使用的 PAL 制式。

选择不同的系统频率后，可选择的帧频会有所变化。比如选择 NTSC 制式后，可选择的帧频为 60P、48P、30P 和 24P；选择 PAL 制式后，可选择的帧频为 50P、25P。需要注意的是，只有在所拍视频需要在电视台播放时，才会对视频制式有严格要求。如果只是自己拍摄上传视频平台，选择任意视频制式均可正常播放。

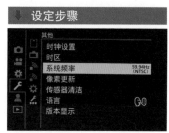

❶ 在**设置菜单**中点击**其他**图标，然后点击**系统频率**选项

❷ 点击选择所需的选项

理解帧频并进行合理的设置

无论选择哪种视频制式，均有多种帧频供选择。帧频是指一个视频里每秒展示出来的画面数(fps)，在松下相机中以单位 P 表示。例如，一般电影以每秒 24 张画面的速度播放，也就是一秒钟内在屏幕上连续显示出 24 张静止画面，其帧频为 24P。

很显然，每秒显示的画面数多，视觉动态效果就流畅，反之，如果画面数少，观看时就有卡顿感觉。因此，在录制景物高速运动的视频时，建议设置为较高的帧频，从而尽量让每一个动作都更清晰、流畅；而在录制访谈、会议等视频时，则使用较低帧频录制即可。

当然，如果录制条件允许，建议以高帧数录制，这样可以在后期处理时便可拥有更多处理可能性，比如得到慢镜头效果。

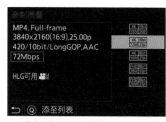

▲ 录制质量选项中的 25.00p 就是帧频

理解码率的含义

码率又称比特率，指每秒传送的比特(bit)数，单位为 bps (Bit Per Second)。码率越高，每秒传送的数据就越多，画质就越清晰，但相应地，对存储卡的写入速度要求也更高。

下方的图表为使用松下 DC-S5M2 相机将"录制文件格式"设为"MP4"，"系统频率"设为"59.94Hz（NTSC）"选项、高宽比统一为 16:9 的设置下，所录制的视频的平均比特率。以 B 站为例其要求的投稿视频码率最高不超过 24Mbps，平均码率为 6Mkbps。

▲ 录制质量选项中的 72Mbps 就是码率

录制质量	视频图像区域			分辨率	帧率	比特率 （Mbps）	视频压缩格式
	FULL	APS-C	PIXEL PIXEL				
4K/10bit/100M/60p		√	√	3840 × 2160	59.94P	100	HEVC
4K/10bit/72M/30p	√	√	√	3840 × 2160	29.97P	72	HEVC
4K/8bit/100M/30p	√	√	√	3840 × 2160	29.97P	100	AVC
4K/10bit/72M/24p	√	√	√	3840 × 2160	23.98P	72	HEVC
4K/8bit/100M/24p	√	√	√	3840 × 2160	23.98P	100	AVC
FHD/8bit/28M/60p	√	√	√	1920 × 1080	59.94P	28	AVC
FHD/8bit/20M/30p	√	√	√	1920 × 1080	29.97P	20	AVC
FHD/8bit/24M/24p	√	√	√	1920 × 1080	23.98P	24	AVC

理解帧内压缩与帧间压缩

在拍摄视频时，如果把每一帧画面的信息100%保留下来，这个视频文件就会非常大，对于存储文件、存储卡的传输速度、上传至网络以及保存视频文件到计算机上所占用的空间，都会有很大的压力，所以在拍摄视频时，一定是要被压缩的，这种压缩方式每个相机厂家都有自己不同的算法和定义方法，但基本有两种：帧内压缩和帧间压缩。

帧内压缩

帧内压缩的缩写基本上是ALL-I。帧内压缩是针对每一帧画面内部的各个像素或者信息进行压缩。以每秒24帧的视频为例，相当于每秒拍了24帧完整的画面，帧内压缩的方式，会针对每秒所拍摄的每一帧完整画面分别进行压缩，有些可能压缩大一点，有些可能压缩小一点，帧与帧之间没有联系，只针对单个帧画面进行压缩。

帧间压缩

帧间压缩的缩写基本上是IPB。这种压缩方式会考虑帧与帧之间的画面关系，比如在一个视频中，画面左边、右边和背景的物体从视频开始到结束，一直都处于静止状态，采用帧间压缩的方式，不会把这些信息记录在每一帧里，只会记录关键的几帧，告诉封装格式或者编码，第1帧到第N帧画面左边、右边和背景中的物体处理什么样的状态。采用帧间压缩方式的视频，在播放时需要通过解压缩以及反向还原的算法，把一帧帧画面还原出来，由于对很多帧采取一样的压缩，所以它的体积就更小，但在播放时，由于每一帧都需要还原，对相机的运算压力会提高，包括后期播放和剪辑时，对于软件和计算机的CPU也会有一定程度的压力。

如何选择合适的压缩方式

那么在录制视频时，如何知道自己需要哪种压缩方式呢？首先从文件大小来说，采用帧间压缩的视频文件会比较小，如果相机存储卡的空间很有限，那就采用帧间压缩方式就可以了。其次，从拍摄题材考虑，如果拍摄的是运动感很强的视频，那就应该采用帧内压缩方式，保证每一帧画面信息的完整性。

虽然很多相机同时提供了帧间压缩和帧内压缩的视频压缩方式，但在松下DC-S5M2相机中，不管选择MP4还是MOV视频录制格式，都只有帧间压缩方式，即Long GOP。如果使用的是松下DC-S5M2X相机，则提供有帧间压缩（Long GOP）和帧内压缩（ALL-Intra）两种方式。

▲ 录制质量选项中的LongGOP就是帧间压缩方式

理解色深并明白其意义

色深作为色彩专有名词，在拍摄照片、录制视频，以及购买显示器时都会接触到，如8bit、10bit、12bit等。这个参数表示记录或显示的照片或视频的颜色数量。

理解色深的含义

理解色深要先理解RGB

在理解色深之前，先要理解RGB。RGB即三原色，分别为红（R）、绿（G）、蓝（B）。人们现在从显示器或电视上看到的任何一种色彩，都是将红、绿、蓝这3种色彩进行混合而得到的。

但在混合过程中，当红、绿、蓝这三种色彩的深浅不同时，得到的色彩也不同。

假如面前有一个调色盘，里面先放上绿色的颜料，当分别混合深一点的红色和浅一点的红色时，得到的色彩肯定不同。那么当手中有十种不同深浅的红色和一种绿色时，那么就能调配出十种色彩。所以颜色的深浅就与呈现的色彩数量产生了关系。

理解灰阶

上文所说的色彩的深浅，用专业的说法其实就是灰阶。不同的灰阶是以亮度作为区分的，比如下左图所示为16个灰阶。

当颜色也具有不同的亮度，也就是具有不同灰阶时，表现出来的其实就是所谓色彩的深浅不同，如下右图所示。

▲ 16 个灰阶

▲ 不同颜色的灰阶

理解色深

做好了铺垫，色深就比较好理解了。首先色深的单位是bit，1bit代表具有2个灰阶，也就是一种颜色具有2种不同的深浅；2bit代表具有4个灰阶，也就是一种颜色具有4种不同的深浅色；3bit代表8种……

所以Nbit，就代表一种颜色包含2^n种不同深浅的颜色。

若色深为8bit，就可以理解为有2^8，即256种深浅不同的红色、256种深浅不同的绿色和256种深浅不同的蓝色。

这些颜色一共能混合出$256 \times 256 \times 256 = 16777216$种色彩。

▲ 录制质量选项中的 8bit 就是 8 位色深

	R	G	B	色彩数量
8bit	256	256	256	1677万
10bit	1024	1024	1024	10.7亿
12bit	4096	4096	4096	680亿

理解色深的意义

在后期处理中设置高色深

即便视频或图片最后需要保存为低色深文件，但高色深代表着数量更多、更细腻的色彩，所以在后期处理时，为了对画面色彩进行更精细的调整，建议将色深设置为较高的数值，最后在保存时再降低色深。

这种操作方法的优势有两点，一是可以最大化利用相机录制的丰富色彩细节；二是在后期对色彩进行处理时，可以得到更细腻的色彩过渡。

所以，建议各位在后期处理时将色彩空间设置为ProPhoto RGB，将色彩深度设置为"16位/通道"。然后在导出时保存为色深8位/通道的图片或视频，以尽可能得到更高画质的图片或视频。

▲ 在后期处理软件中设置较高的色深（色彩深度）和色彩空间

有目的地搭建视频录制与显示平台

介绍色深主要是让用户知道从图像采集到解码再到显示，只有均达到同一色深标准才能够让人真正体会到高色深带来的细腻色彩。

目前大部分相机均支持8bit或10bit色深采集，以使用松下DC-S5M2为例，在进行10bit色深录制后，为了能够完成更高色深视频的后期处理及显示，就需要提高用来解码的显卡性能，并搭配色深达到10bit的显示器，来显示出相机记录的所有色彩。当从录制到处理再到输出的整个环节均符合10bit色深标准后，才能真正体会到色深提升的好处。

▶ 要想体会到高色深的优势，就要搭建符合高色深要求的录制、处理和显示平台。

理解色度采样

相信各位读者一定在松下DC-S5M2相机的"录制质量"菜单选项中看到了"422",那么这里的"422"到底是什么含义呢？

简单来说，422是指色度采样，对视频的画质有决定性影响，除此外还有420、444等描述方式。

认识 YUV 格式

事实上，无论是 420 还是 422 均为色度采样的简写，其正常写法应该是 YUV4：2：0 和 YUV4：2：2。

YUV 格式也被称为 YCbCr，是为了替代 RGB 格式而存在的，其目的在于兼容黑白电视和彩色电视。因为 Y 表示亮度，U 和 V 表示色差。这样当黑白电视使用该信号时，则只读取 Y 数值，也就是亮度数值；而当彩色电视接收到 YUV 信号时，则可以将其转换为 RGB 信号，再显示颜色。

理解色度采样数值

下面再来讲解 YUV 格式中三个数字的含义。

通俗地讲，第一个数字 4，即代表亮度采样的像素数量；第二个数字代表了第一行进行色度采样的像素数量；第三个数字代表了第二行进行色度采样的像素数量。

所以这样算下来，在同一个画面中，422 的采样就比 444 的采样少了 50% 的色度信息，而 420 与 422 相比，又少了 50% 的色度信息。那么有些摄友可能会问："为何不能将所有视频均录制为 4：4：4 色度采样呢？"

主要是因为，经过研究发现，人眼对明暗比对色彩更敏感，所以在保证色彩正常显示的前提下，不需要对每一个像素都进行色度采样，以便降低信息存储的压力。

因此在通常情况下，用 420 的采样拍摄也能获得不错的画面，但是在进行二级调色和抠像时，因为许多像素没有自己的色度值，所以后期处理空间也就相对较小了。

实际上，通过降低色度采样来减少存储压力，或者降低发送视频信号带宽，对于降低视频输出的成本是有利的；但较少的色彩信息对于视频后期处理来说是不利的。因此在选择视频录制设备时，应尽量选择色度采样数值较高的设备。

▲ YUV4：4：4色度采样示例图

▲ YUV4：2：2色度采样示例图

▲ 录制质量选项中的 420 就是色度采样

视频拍摄稳定设备

手持式稳定器

在手持相机的情况下拍摄视频，往往会产生明显的抖动。这时就需要使用可以让画面更稳定的器材，比如手持稳定器。

这种稳定器的操作无须练习，只需选择相应的模式，就可以拍出比较稳定的画面，而且其体积小、重量轻，非常适合业余视频爱好者使用。

在拍摄过程中，稳定器会不断地自动调整，从而抵消掉手抖或在移动时造成的相机震动。

由于此类稳定器是电动的，所以在搭配上手机 App 后，可以实现一键拍摄全景、延时、慢门轨迹等特殊功能。

▲ 手持式稳定器

摄像专用三脚架

与便携的摄影三脚架相比，摄像三脚架为了更好的稳定性而忽略了便携性。

一般来讲，摄影三脚架在三个方向上各有1根脚管，也就是三脚管。而摄像三脚架在三个方向上最少各有3根脚管，也就是共有9根脚管，再加上底部的脚管连接设计，其稳定性要高于摄影三脚架。另外，脚管数量越多的摄像专用三脚架，其最大高度也更高。

对于云台，为了在摄像时能够实现在单一方向上精确、稳定地转换视角，摄像三脚架一般使用带摇杆的三维云台。

▲ 摄像专用三脚架

滑轨

相比稳定器，利用滑轨移动相机录制视频可以获得更稳定、更流畅的镜头表现。利用滑轨进行移镜、推镜等运镜时，可以呈现出电影级的效果，所以是更专业的视频录制设备。

另外，如果希望在录制延时视频时呈现一定的运镜效果，准备一个电动滑轨就十分有必要。因为电动滑轨可以实现微小的、匀速的持续移动，从而在短距离的移动过程中，拍摄下多张延时素材，这样通过后期合成就可以得到连贯的、顺畅的、带有运镜效果的延时摄影画面。

▲ 滑轨

视频拍摄采音设备

在室外或者不够安静的室内录制视频时，单纯通过相机自带的麦克风和声音设置往往无法得到满意的采音效果，这时就需要使用外接麦克风来提高视频中的音质。

无线领夹麦克风

无线领夹麦克风也被称为"小蜜蜂"。其优点在于小巧便携，并且可以在不面对镜头，或者在运动过程中进行收音；缺点是当需要对多人采音时，则需要准备多个发射端，相对来说比较麻烦。另外，在录制采访视频时，也可以将"小蜜蜂"发射端拿在手里，当作"话筒"使用。

▲ 便携的"小蜜蜂"

枪式指向性麦克风

枪式指向性麦克风通常安装在松下相机的热靴上进行固定。因此录制一些面对镜头说话的视频，比如讲解类、采访类视频时，就可以着重采集话筒前方的语音，避免周围环境的噪声。同时，在使用枪式麦克风时，也不用在身上佩戴麦克风，可以让被摄者的仪表更自然美观。

▲ 枪式指向性麦克风

为麦克风戴上防风罩

为避免户外录制视频时出现风噪声，建议各位为麦克风戴上防风罩。防风罩主要分为毛套防风罩和海绵防风罩，其中海绵防风罩也被称为防喷罩。

一般来说，户外拍摄建议使用毛套防风罩，其效果比海绵防风罩更好。

▲ 毛套防风罩

而在室内录制时，使用海绵防风罩即可，不仅能起到去除杂音的作用，还可防止唾液喷入麦克风，这也是海绵防风罩也被称为防喷罩的原因。

▲ 海绵防风罩

视频拍摄灯光设备

在室内录制视频时，如果利用自然光来照明，那么如果录制时间稍长，光线就会发生变化。比如，下午 2:00~5:00，光线的强度和色温都在不断降低，导致画面出现由亮到暗、由色彩正常到色彩偏暖的变化，从而很难拍出画面影调、色彩一致的视频。而如果采用室内一般的灯光进行拍摄，灯光亮度又不够，打光效果也无法控制。所以，要想录制出效果更好的视频，较专业的室内灯光是必不可少的。

简单实用的平板 LED 灯

一般来讲，在拍摄视频时往往需要比较柔和的灯光，让画面中不会出现明显的阴影，并且呈现柔和的明暗过渡。而在不增加任何其他配件的情况下，平板LED灯本身就能通过大面积的灯珠打出比较柔和的光。

当然，也可以为平板LED灯增加色片、柔光板等配件，让光质和光源色产生变化。

▲ 平板 LED 灯

更多可能的 COB 影视灯

这种灯的形状与影室闪光灯非常像，并且同样带有灯罩卡口，从而让影室闪光灯可用的配件在COB影视灯上均可使用，让灯光更为可控。

常用的配件有雷达罩、柔光箱、标准罩和束光筒等，可以打出或柔和、或硬朗的光线。

因此，丰富的配件和光效是更多的人选择COB影视灯的原因。有时候人们也会把COB影视灯当作主灯，把平板LED灯辅助灯当作进行组合打光。

▲ COB 影视灯搭配柔光箱

短视频博主最爱的 LED 环形灯

如果不懂布光，或者不希望在布光上花费太多时间，只需要在面前放一盏LED环形灯，就可以均匀地打亮面部并形成眼神光了。

当然，LED环形灯也可以配合其他灯光使用，让面部光影更均匀。

▲ 环形灯

简单实用的三点布光法

三点布光法是拍摄短视频、微电影的常用布光方法。"三点"分别为位于主体侧前方的主光，以及另一侧的辅光和侧逆位的轮廓光。

这种布光方法既可以打亮主体，将主体与背景分离，还能够营造一定的层次感、造型感。

一般情况下，主光的光质相对辅光要硬一些，从而让主体形成一定的阴影，增加影调的层次感。既可以使用标准罩或蜂巢来营造硬光，也可以通过相对较远的灯位来提高光线的方向性。也是如此，在三点布光法中，主光的距离往往比辅光要远一些。辅助光作为补充光线，其强度应该比主光弱，主要用来形成较为平缓的明暗对比。

在三点布光法中，也可以不要轮廓光，而用背

景光来代替，从而降低人物与背景的对比，让画面整体更明亮，影调也更自然。如果想为背景光加上不同颜色的色片，还可以通过色彩营造独特的画面氛围。

用氛围灯让视频更美观

前面讲解的灯光基本上只有将场景照亮的作用，但如果想让场景更美观，那么还需要购置氛围灯，从而为视频画面增加不同颜色的灯光效果。

例如，在右图所示的场景中，笔者的身后使用了两盏氛围灯，一盏能够自动改变颜色，一盏是恒定的暖黄色。下面展示的三个主播背景，同样使用了不同的氛围灯。

要布置氛围灯可以直接在电商网站上搜索关键词"氛围灯"，找到不同类型的灯具，也可搜索关键词"智能 LED 灯带"，购买可以按自己的设计布置成为任意形状的灯带。

视频拍摄外采、监看设备

视频拍摄外采设备也被称为监视器、记录仪和录机等，它的作用主要有以下两点。

（一）提升视频画质

使用外采设备能拍摄更高质量的视频，使用松下DC-S5M2相机录制RAW格式的视频，必须将视频输出到通过HDMI外接的兼容设备。

（二）提升监看效果

监视器面积更大，可以代替相机上的小屏幕，使创作者能看到更精细的画面。由于监视器的亮度普遍更高，所以即便在户外的强光下，也可以清晰地看到录制效果。

有些相机的液晶屏没有翻转功能，或者可以翻转但程度有限。使用有翻转功能的外接监视器，可以方便创作者从多个角度监看视频拍摄画面。

利用监视器还可以直接将松下DC-S5M2相机以V-Log录制的画面转换效果，让创作者直接看到最终模拟效果。

有些监视器不仅支持触屏操作，还有完善的辅助构图、曝光、焦点控制工具，可以弥补相机的功能短板。

▲ 外采设备

高手点拨：松下DC-S5M2X相机可以输出RAW格式视频。

用竖拍快装板拍摄竖画幅视频

当前许多视频平台以竖画幅视频为主，要更好地拍摄竖画幅视频，在使用前文讲述的三脚架的基础上，还需要使用竖拍快装板（又称为L型快装板），从而使相机可以竖立旋转。

▲ 竖拍快装板安装后的相机

用外接电源进行长时间录制

在进行持续的长时间视频录制时，一块电池的电量很有可能不够用。而如果更换电池，则势必会导致拍摄中断。为了解决这个问题，各位可以使用外接电源进行连续录制。

由于外接电源可以使用充电宝进行供电，因此只需购买一块大容量的充电宝，就可以大大延长视频录制时间。

另外，如果在室内固定机位进行录制，还可以选择直接连接插座的外接电源进行供电，从而完全避免在长时间拍摄过程中出现电量不足的问题。

▲ 可直连插座的外接电源

▲ 可连接移动电源的外接电源

▲ 通过外接电源让充电宝给相机供电

通过提词器让语言更流畅

提词器是一个通过高亮度的显示器显示文稿内容，并将显示器显示的内容反射到相机镜头前一块呈45°角的专用镀膜玻璃上，把台词反射出来的设备。它可以让演讲者在看演讲词时，依旧保持很自然地对着镜头说话的感觉。

由于提词器需要经过镜面反射，所以除了硬件设备，还需要使用软件来将正常的文字进行方向上的变换，从而在提词器上显示出正常的文稿。

通过提词器软件，字体的大小、颜色、文字滚动速度均可以按照演讲人的需求改变。值得一提的是，如果是一个团队进行视频录制，可以由专人控制提词器，从而确保提词速度可以根据演讲人语速的变化而变化。

如果更看中便携性，也可以把手机当作显示器的简易提词器。

当使用这种提词器配合微单相机拍摄时，要注意支架的稳定性，必要时需要在支架前方进行配重，以免因为微单相机太重，而支架又比较单薄导致设备损坏。

▲ 专业提词器

▲ 简易提词器

第9章
拍视频必学的镜头语言与
分镜头脚本撰写方法

推镜头的六大作用

强调主体

推镜头是指镜头从全景或别的大景位由远及近，向被摄对象推进拍摄，最后使景别逐渐变成近景或特写镜头，最常用于强调画面的主体。例如，下面的组图展示了一个通过推镜头强调居中在讲解的女孩的效果。

突出细节

推镜头可以通过放大来突出事物细节或人物表情、动作，从而使观众得以知晓剧情的重点在哪里，以及人物对当前事件的反应。例如，在早期的很多谈话类节目中，当被摄对象谈到伤心处时，摄影师都会推上一个特写，以展现含满泪花的眼睛。

引入角色及剧情

推镜头这种景别逐渐变小的运镜方式代入感极强，也常被用于视频的开场，在交代地点、时间、环境等信息后，正式引入主角或主要剧情。许多导演都会把开场的任务交给气势恢宏的推镜头，从大环境逐步过渡到具体的故事场景，如徐克的《龙门飞甲》。

制造悬念

当推镜头作为一组镜头的开始镜头使用时，往往可以制造悬念。例如，一个逐渐推进角色震惊表情的镜头可以引发观众的好奇心——角色到底看到了什么才会如此震惊？

改变视频的节奏

通过改变推镜头的速度可以影响和调整画面节奏，一个缓慢向前推进的镜头给人一种冷静思考的感觉，而一个快速向前推进的镜头给人一种突然间有所醒悟、有所发现的感觉。

减弱运动感

当以全景表现运动的角色时，速度感是显而易见的。但如果以推镜头到特写的景别来表现角色，则会由于没有对比弱化运动感。

拉镜头的六大作用

展现主体与环境的关系

拉镜头是指摄影师通过拖动摄影器材或以变焦的方式，将视频画面从近景逐渐变换到中景甚至全景的操作，常用于表现主体与环境关系。例如，下面的拉镜头展现了模特与直播间的关系。

以小见大

例如，先特写面包店剥落的油漆、被打破的玻璃窗，然后逐渐后拉呈现一场灾难后的城市。这个镜头就可以把整个城市的破败与面包店连接起来，有以小见大的作用。

体现主体的孤立、失落感

拉镜头可以将主体孤立起来。比如，一个女人站在站台上，火车载着她唯一孩子逐渐离去，架在火车上的摄影机逐渐远离女人，就能很好地体现出她的失落感。

引入新的角色

在后拉过程中，可以非常合理地引入新的角色和元素。例如，在一间办公室中，领导正在办公，通过后拉镜头的操作，将旁边整理文件的秘书引入画面，并与领导产生互动，如果空间够大，还可以继续后拉，引入坐在旁边焦急等待的办事群众。

营造反差

在后拉镜头的过程中，由于引入了新的元素，因此可以借助新元素与原始信息营造反差。例如，特写一个身着凉爽服装的女孩，镜头后拉，展现的环境却是冰天雪地。

又如，特写一个正襟危坐、西装革履的主持人，镜头拉远之后，却发现他穿的是短裤、拖鞋。

营造告别感

拉镜头从视频效果上看起来是观众在后退，从故事中抽离出去，这种退出感、终止感具有很强的告别意味，因此如果视频找不到合适的结束镜头，不妨试一下拉镜头。

摇镜头的六大作用

介绍环境

摇镜头是指机位固定，通过旋转摄影器材进行拍摄，分为水平摇拍及垂直摇拍。左右水平摇镜头适合拍摄壮阔的场景，如山脉、沙漠、海洋、草原和战场；上下摇镜头适用于展示人物或建筑的雄伟，也可用于展现峭壁的险峻。

模拟审视观察

摇镜头的视觉效果类似于一个人站在原地不动，通过水平或垂直转动头部，仔细观察所处的环境。摇镜头的重点不是起幅或落幅，而是在整个摇动过程中展现的信息，因此不宜过快。

强调逻辑关联

摇镜头可以暗示两个不同元素间的一种逻辑关系。例如，当镜头先拍摄角色，再随着角色的目光摇镜头拍摄衣橱，观众就能明白两者之间的联系。

转场过渡

在一个起幅画面后，利用极快的摇摄使画面中的影像全部虚化，过渡到下一个场景，可以给人一种时空穿梭的感觉。

表现动感

当拍摄运动的对象时，先拍摄其由远到近的动态，再利用摇镜头表现其经过摄影机后由近到远的动态，可以很好地表现运动物体的动态、动势、运动方向和运动轨迹。

组接主观镜头

当前一个镜头表现的是一个人环视四周，下一个镜头就应该用摇镜头表现其观看到的空间，即利用摇镜头表现角色的主观视线。

移镜头的四大作用

赋予画面流动感

移镜头是指拍摄时摄影机在一个水平面上左右或上下移动（在纵深方向移动则为推/拉镜头）进行拍摄，拍摄时摄影机有可能被安装在移动轨上或安装在配滑轮的脚架上，也有可能被安装在升降机上进行滑动拍摄。由于采用移镜头方式拍摄时，机位是移动的，所以画面具有一定的流动感，这会让观众感觉仿佛置身于画面中，视频画面更有艺术感染力。

展示环境

移镜头展示环境的作用与摇镜头十分相似，但由于移镜头打破了机位固定的限制，可以随意移动，甚至可以越过遮挡物展示空间的纵深感，因而移镜头表现的空间比摇镜头更有层次，视觉效果更为强烈。最常见的是在旅行过程中，将拍摄器材贴在车窗上拍摄快速后退的外景。

模拟主观视角

以移镜头的运动形式拍摄的视频画面，可以形成角色的主观视角，展示被摄角色以穿堂入室、翻墙过窗、移动逡巡的形式看到的景物。这样的画面能带给观众很强的代入感，有身临其境的感受。

在拍摄商品展示、美食类视频时，常用这种运镜方式模拟仔细观察、检视的过程。此时，手持拍摄设备缓慢移动进行拍摄即可。

创造更丰富的动感

在具体拍摄时，如果拍摄条件有限，摄影师可能更多地采用简单的水平或垂直移镜拍摄，但如果有更大的团队、更好的器材，可综合使用移镜、摇镜及推拉镜头，以创造更丰富的动感视角。

跟镜头的三种拍摄方式

跟镜头又称"跟拍"，是跟随被摄对象进行拍摄的镜头运动方式。跟镜头可连续而详尽地表现角色在行动中的动作和表情，既能突出运动中的主体，又能交代动体的运动方向、速度、体态及其与环境的关系。按摄影机的方位可以分为前跟、后跟（背跟）和侧跟三种方式。

前跟常用于采访，即拍摄器材在人物前方，形成"边走边说"的效果。

体育视频通常为侧面拍摄，表现运动员运动的姿态。

后跟用于追随线索人物游走于一个大场景之中，将一个超大空间里的方方面面一一介绍清楚，同时保证时空的完整性。根据剧情，还可以表现角色被追赶、跟踪的效果。

升降镜头的作用

上升镜头是指相机的机位慢慢升起，从而表现被摄体的高大。在影视剧中，也被用来表现悬念；而下降镜头的方向则与之相反。升降镜头的特点在于能够改变镜头和画面的空间，有助于增强戏剧效果。

例如，在电影《一路响叮当》中，使用了升镜头来表现高大的圣诞老人角色。

在电影《盗梦空间》中，使用升镜头表现折叠起来的城市。

需要注意的是，不要将升降镜头与摇镜头混为一谈。比如，机位不动，仅将镜头仰起，此为摇镜头，

展现的是拍摄角度的变化，而不是高度的变化。

甩镜头的作用

甩镜头是指一个画面拍摄结束后，迅速旋转镜头到另一个方向的镜头运动方式。由于甩镜头时，画面的运动速度非常快，所以该部分画面内容是模糊不清的，但这正好符合人眼的视觉习惯（与快速转头时的视觉感受一致），所以会给观赏者带来较强的临场感。

值得一提的是，甩镜头既可以在同一场景中的两个不同主体间快速转换，模拟人眼的视觉效果；也可以在甩镜头后直接接入另一个场景的画面（通过后期剪辑进行拼接），从而表现同一时间，不同空间中并列发生的事情，此法在影视剧制作中经常出现。在电影《爆裂鼓手》中有一段精彩的甩镜头示范，镜头在老师与学生间不断甩动，体现了两者之间的默契与音乐的律动。

环绕镜头的作用

将移镜头与摇镜头组合起来，就可以实现一种比较炫酷的运镜方式——环绕镜头。

实现环绕镜头最简单的方法，就是将相机安装在稳定器上，然后手持稳定器，在尽量保持相机稳定的前提下，绕人物走一圈儿，也可以使用环形滑轨。

通过环绕镜头，可以360°全方位地展现主体，经常用于突出新登场的人物，或者展示景物的精致细节。

例如，一个领袖发表演说，摄影机在他们后面做半圆形移动，使领袖保持在画面的中央，这就突出了中心人物。在电影《复仇者联盟》中，当多个人员集结时，也使用了这样的镜头来表现集体的力量。

镜头语言之"起幅"与"落幅"

无论使用前面讲述的推、拉、摇、移等诸多种运动镜头中的哪一种，在拍摄时这个镜头通常都是由三部分组成的，即起幅、运动过程和落幅。

理解"起幅"与"落幅"的含义和作用

起幅是指在运动镜头开始时的画面。即从固定镜头逐渐转为运动镜头的过程中，拍摄的第一个画面被称为起幅。

为了让运动镜头之间的连接没有跳动感、割裂感，往往需要在运动镜头的结尾处逐渐转为固定镜头，称为落幅。

除了可以让镜头之间的连接更加自然、连贯外，起幅和落幅还可以让观赏者在运动镜头中看清画面中的场景。其中起幅与落幅的时长一般为1秒左右，如果画面信息量比较大，如远景镜头，则可以适当延长时间。

在使用推、拉、摇、移等运镜手法进行拍摄时，都以落幅为重点，落幅画面的视频焦点或重心是整个段落的核心。

如右侧图中上方为起幅，下方为落幅。

起幅与落幅的拍摄要求

由于起幅和落幅是固定镜头，考虑到画面美感，在构图时要严谨。尤其是在拍摄到落幅阶段时，镜头停稳的位置、画面中主体的位置和所包含的景物均要进行精心设计。

如右侧图上方起幅使用V形构图，下方落幅使用水平线构图。

停稳的时间也要恰到好处。过晚进入落幅，则在与下一段起幅衔接时会出现割裂感，而过早进入落幅，又会导致镜头停滞时间过长，让画面显得僵硬、死板。

在镜头开始运动和停止运动的过程中，镜头速度的变化要尽量均匀、平稳，从而让镜头衔接更加自然、顺畅。

空镜头、主观镜头与客观镜头

空镜头的作用

空镜头又称景物镜头，根据镜头所拍摄的内容，可分为写景空镜头和写物空镜头。写景空镜头多为全景、远景，也称为风景镜头；写物空镜头则大多为特写和近景。

空镜头的作用有渲染气氛，也可以用来借景抒情。

例如，当在一档反腐视频节目结束时，旁白是"留给他的将是监狱中的漫漫人生"，画面是监狱高墙及墙上的电网，并且随着背景音乐逐渐模糊直到黑场。这个空镜头暗示了节目主人公余生将在高墙内度过，未来的漫漫人生将是灰暗的。

此外，还可以利用空镜头进行时空过渡。

镜头一：中景，小男孩走出家门。

镜头二：全景，森林。

镜头三：近景，树木局部。

镜头四：中景，小男孩在森林中行走。

在这组镜头中，镜头二与三均为空镜，很好地展示了时空过渡的效果。

客观镜头的作用

客观镜头的视点模拟的是旁观者或导演的视点，对镜头所展示的事情不参与、不判断、不评论，只是让观众有身临其境之感，所以也称为中间镜头。

新闻报道就大量使用了客观镜头，只报道新闻事件的状况、发生的原因和造成的后果，不做任何主观评论，让观众去评判、思考。画面是客观的，内容是客观的，记者立场也是客观的，从而达到新闻报道客观、公正的目的。例如，下面是一个记录白天鹅栖息地的纪录片截图。

客观镜头的客观性包括两层含义。

客观反映对象自身的真实性。

对拍摄对象的客观描述。

主观镜头的作用

从摄影的角度来说，主观性镜头就是摄影机模拟人的观察视角，视频画面展现人观察到的情景，这样的画面具有较强的代入感，也被称为第一视角画面。

例如，在电影中，当角色通过望远镜观察时，下一个镜头通常会模拟通过望远镜观看到的景物，这就是典型的第一视角主观性镜头。

网络上常见的美食制作讲解、台球技术讲解、骑行风光、跳伞、测评等类型的视频，多数采用主观性镜头。在拍摄这样的主观镜头时，一般采用将 GoPro 等便携式摄像设备固定在拍摄者身上的方式，有时也会采用手持式拍摄，因为画面的晃动能更好地模拟一个人的运动感，将观众带入情节画面。

在拍摄剧情类视频时，一个典型的主观镜头，通常是由一组镜头构成的，以告诉观众谁在看、看什么、看到后的反应及如何看。

回答这四个问题可以安排下面这样一组镜头。

一镜是人物的正面镜头，这个镜头要强调看的动作，回答是谁在看。

二镜是人物的主观性镜头，这个镜头要强调所看到的内容，回答人物在看什么。

三镜是人物的反应镜头，这个镜头侧重强调看到后的情绪，如震惊、喜悦等。

四镜是带关系的主观镜头，一般是将拍摄器材放在人物的后面，以高于肩膀的高度拍摄。这个镜头提示看与被看的关系，体现二者的空间关系。

了解拍摄前必做的分镜头脚本

通俗地说，分镜头脚本就是将一段视频包含的每一个镜头拍什么、怎么拍，先用文字写出来或画出来（有人会利用简笔画表明分镜头脚本的构图方法），也可以理解为拍视频之前的计划书。

对于影视剧的拍摄，分镜头脚本有着严格的绘制要求，是前期拍摄和后期剪辑的重要依据，并且需要经过专业的训练才能完成。但作为普通摄影爱好者，大多数都以拍摄短视频或者 VlOG 为目的，因此只需了解其作用和基本撰写方法即可。

分镜头脚本的作用

指导前期拍摄

即便是拍摄一条长度仅为 10 秒左右的短视频，通常也需要 3 ~ 4 个镜头来完成。那么，这 3 个或 4 个镜头计划怎么拍，就是分镜脚本中应该写清楚的内容。这样可以避免到了拍摄场地后再现场构思，既浪费时间，又可能因为思考时间太短，而拍摄不到理想的画面。

值得一提的是，虽然分镜头脚本有指导前期拍摄的作用，但不要被其所束缚。在实地拍摄时，如果有更好的创意，则应该果断采用新方法进行拍摄。

下面展示的徐克、姜文、张艺谋三位导演的分镜头脚本，可以看出来，即便是大导演也在遵循严格的拍摄规划流程。

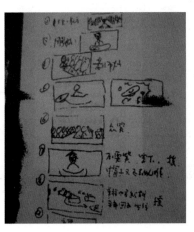
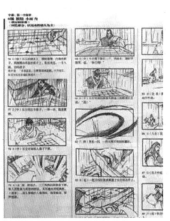

后期剪辑的依据

根据分镜头脚本拍摄的多个镜头，需要通过后期剪辑合并成一段完整的视频。因此，镜头的排列顺序和镜头转换的节奏都需要以分镜头脚本作为依据。尤其是在拍摄多组备用镜头后，很容易混淆，导致不得不花费更多的时间进行整理。

另外，由于拍摄时现场的情况很可能与预期不同，所以前期拍摄未必完全按照分镜头脚本进行。此时就需要懂得变通，抛开分镜头脚本，寻找最合适的方式进行剪辑。

分镜头脚本的撰写方法

掌握了分镜头脚本的撰写方法，也就学会了如何制订短视频或者 VIOG 的拍摄计划。

分镜头脚本应该包含的内容

一份完善的分镜头脚本应该包含镜头编号、景别、拍摄方法、时长、画面内容、拍摄解说和音乐七部分内容。下面逐一讲解每部分内容的作用。

（1）镜头编号：镜头编号代表各个镜头在视频中出现的顺序。绝大多数情况下，它也是前期拍摄的顺序（因客观原因导致个别镜头无法拍摄时，则会先跳过）。

（2）景别：景别分为全景（远景）、中景、近景和特写，用于确定画面的表现方式。

（3）拍摄方法：针对被摄对象描述镜头运用方式，是分镜头脚本中唯一对拍摄方法的描述。

（4）时间：用来预估该镜头的拍摄时长。

（5）画面：对拍摄的画面内容进行描述。如果画面中有人物，则需要描绘人物的动作、表情和神态等。

（6）解说：对拍摄过程中需要强调的细节进行描述，包括光线、构图及镜头运用的具体方法等。

（7）音乐：确定背景音乐。

提前对上述七部分内容进行思考并确定，整段视频的拍摄方法和后期剪辑的思路、节奏就基本确定了。虽然思考的过程比较费时，但正所谓"磨刀不误砍柴工"，做一份详尽的分镜头脚本，可以让前期拍摄和后期剪辑轻松很多。

撰写分镜头脚本实践

了解了分镜头脚本所包含的内容后，就可以尝试自己进行撰写了。这里以在海边拍摄一段短视频为例，向读者介绍分镜头脚本的撰写方法。

由于分镜头脚本是按不同镜头进行撰写的，所以一般都以表格的形式呈现。但为了便于介绍撰写思路，会先以成段的文字进行讲解，最后通过表格呈现最终的分镜头脚本。

首先整段视频的背景音乐统一确定为陶喆的《沙滩》，然后再通过分镜头讲解设计思路。

镜头 1：人物在沙滩上散步，并在旋转过程中让裙子散开，表现出在海边散步的惬意。所以，"镜头 1"利用远景将沙滩、海水和人物均纳入画面中。为了让人物在画面中显得比较突出，应着颜色鲜艳的服装。

镜头 2：由于"镜头 3"中将出现新的场景，所以将"镜头 2"设计为一个空镜头，单独表现"镜头 3"中的场地，让镜头彼此之间具有联系，起到承上启下的作用。

镜头 3：经过前面两个镜头的铺垫，此时通过在垂直方向上拉镜头的方式，让镜头逐渐远离人物，表现出栈桥的线条感与周围环境的空旷、大气之美。

镜头 4：最后一个镜头则需要将画面拉回到视频中的主角——人物身上。同样通过远景来表现，同时兼顾美丽的风景与人物。在构图时要利用好栈桥的线条，形成透视牵引线，增强画面的空间感。

经过上述思考，就可以将分镜头脚本以表格的形式表现出来，最终的成品参见后面的表格。

镜头 1

镜头 2

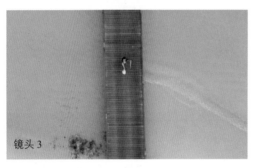

镜头 3

镜头 4

镜号	景别	拍摄方法	时间	画面	解说	音乐
1	远景	移动机位拍摄人物与沙滩	3秒	穿着红衣的女子在海边的沙滩上散步	采用稍微俯视的角度，表现出沙滩与海水，女子可以摆动起裙子	《沙滩》
2	中景	以摇镜头的方式表现栈桥	2秒	狭长栈桥的全貌逐渐出现在画面中	摇镜头的最后一个画面，需要栈桥透视线的灭点位于画面中央	同上
3	中景+远景	中景俯拍人物，采用拉镜头的方式，让镜头逐渐远离人物	10秒	从画面中只有人物与栈桥，再到周围的海水，再到更大的空间	通过长镜头，以及拉镜头的方式，让画面中逐渐出现更多的内容，引起观赏者的兴趣	同上
4	远景	以固定机位拍摄	7秒	女子在优美的栈桥上翩翩起舞	利用栈桥让画面更具空间感。人物站在靠近镜头的位置，使其占据一定的画面比例	同上

第10章

录制常规、延时及慢动作视频的参数设置方法

录制视频的简易流程

要使用松下DC-S5M2相机录制视频，如果不考虑复杂的参数，可以按下面的基本流程操作。

1.如果希望手动控制短片的曝光量，旋转拍摄模式拨盘至 M（推荐使用）；如果希望相机自动控制短片的曝光量，在"视频菜单"的"曝光模式"菜单中选择为P挡；如果希望手动设置光圈，则可以将拍摄模式选择为A，如果希望手动设置快门速度，则可以将拍摄模式选择为S。

2.在拍摄短片前，通过自动或手动的方式先对主体进行对焦。在光圈优先、快门优先及手动拍摄模式下，还需调整曝光组合。

3.按下视频录制按钮，即可开始录制短片。

4.录制结束后，可再次按下视频录制按钮。

❶ 选择拍摄曝光模式

❷ 进行对焦操作

❸ 按下红色视频录制按钮，即可开始录制短片，此时会在屏幕左下角显示一个红色的圆

拍摄视频状态下的信息显示

在拍摄视频模式下，显示屏会显示若干参数，了解这些参数的含义，有助于摄影师快速调整相关参数，从而提高录制视频的效率、成功率及品质。

❶ 照片格调

❷ 录制文件格式

❸ 拍摄画质

❹ 拍摄帧速率

❺ 视频图像区域

❻ 对焦模式

❼ 对焦区域模式

❽ 图像稳定器

❾ 水准仪

❿ 对焦指示

⓫ 拍摄模式

⓬ 测光模式

⓭ 快门速度

⓮ 光圈值

⓯ 曝光补偿

⓰ ISO感光度

⓱ 存储卡插槽

⓲ 视频录制时间

⓳ 电池电量

⓴ 对焦框

设置视频拍摄模式

与拍摄照片一样，拍摄视频时也可以采用多种不同的曝光模式，如程序自动曝光模式、光圈优先曝光模式、快门优先曝光模式和全手动曝光模式等。

如果对曝光要素不太理解，可以直接设置为程序自动曝光模式。

如果希望精确地控制画面的亮度，可以将拍摄模式设置为全手动曝光模式。但在这种拍摄模式下，需要摄影师手动控制光圈、快门和感光度三个要素，下面分别讲解这三个要素的设置思路。

● 光圈：如果希望拍摄的视频具有电影般的效果，可以将光圈设置得稍微大一点，从而虚化背景，获得浅景深效果；反之，如果希望拍摄出来的视频画面远近都比较清晰，就需要将光圈设置得稍微小一点。

● 感光度：在设置感光度的时候，主要考虑的是整个场景的光照条件。如果光照不是很充分，可以将感光度设置得稍微大一点；反之，则可以降低感光度，以获得较为优质的画面。

快门速度对视频的影响比较大，下面详细讲解。

❶ 在**视频菜单**中点击**画质1**图标，然后点击**曝光模式**选项

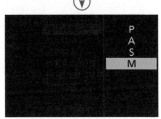

❷ 点击选择所需的选项

理解快门速度对视频的影响

在曝光三要素中，无论是拍摄照片，还是拍摄视频光圈、感光度的作用都是一样的，但唯独快门速度对视频录制有着特殊的意义，因此值得详细讲解。

根据帧频确定快门速度

从视频效果来看，大量摄影师总结出来的经验是应该将快门速度设置为帧频2倍的倒数，此时录制的视频中运动物体的表现是最符合肉眼观察效果的。

比如，视频的帧频为25P，那么应将快门速度设置为1/50秒（25乘以2等于50，再取倒数，为1/50）。同理，如果帧频为50P，则应将快门速度设置为1/100秒。

但这并不是说，在录制视频时，快门速度只能保持不变。在遇到一些特殊情况时，当需要利用快门速度调节画面亮度时，在一定范围内进行调整是没有问题的。

快门速度对视频效果的影响

拍摄视频的最低快门速度

当需要降低快门速度提高画面亮度时，快门速度不能低于帧频的倒数。比如，当帧频为25P时，快门速度不能低于1/25秒。而事实上，也无法设置比1/25秒还低的快门速度，因为在录制视频时相机会自动锁定帧频倒数为最低快门速度。

▲ 在昏暗环境下录制时，可以适当降低快门速度以保证画面亮度

拍摄视频的最高快门速度

当需要提高快门速度降低画面亮度时，其实对快门速度的上限是没有硬性要求的。但若快门速度过快，每一个动作都会被清晰定格，会导致画面看起来很不自然，甚至会出现失真的情况。

这是因为人的眼睛是有视觉时滞的，也就是当人们看到高速运动的景物时，景物会出现动态模糊的效果。而当使用过高的快门速度录制视频时，运动模糊效果消失了，取而代之的是清晰的影像。比如，在录制一些高速奔跑的景象时，由于双腿每次摆动的画面都是清晰的，就会看到很多条腿的画面，也就导致画面出现失真、不正常的情况。

因此，建议在录制视频时，快门速度最好不要高于最佳快门速度的2倍。

▲ 当电影画面中的人物进行快速移动时，画面中出现动态模糊效果是正常的

设置视频格式与画质

跟设置照片的尺寸、画质一样，录制视频时首先需要关注的就是视频格式和画质的相关参数。

设置视频录制格式

松下 DC-S5M2 相机可以录制 MP4 和 MOV 格式视频，MP4格式的视频适合上传网络，录制质量为 10bit 或 8bit 色深、YUV4∶2∶0、Long GOP 压缩。

MOV 格式视频适用于后期编辑，录制质量为 YUV4∶2∶2或 YUV4∶2∶0、10bit 色深、Long GOP 压缩。

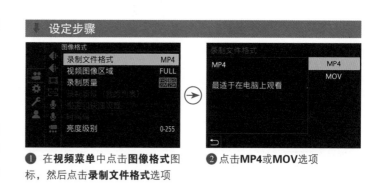

❶ 在**视频菜单**中点击**图像格式**图标，然后点击**录制文件格式**选项　❷点击**MP4**或**MOV**选项

设置视频录制质量

在"录制质量"菜单中设置录制视频的画质，可以选择的画质选项因拍摄模式、"系统频率"和"录制文件格式"的设置而不同。

❶ 在**视频菜单**中点击**图像格式**图标，然后点击**录制质量**选项

❷ 点击选择所需的选项

设置视频图像区域

在"视频图像区域"菜单中可以选择录制视频时是使用 Full（全画幅）还是使用 APS-C 画幅或者使用"PIXEL/PIXEL"模式拍摄。

使用 APS-C 画幅拍摄，取景于中央区域，与全画幅相比，可以实现 1.5 倍的远摄效果。

如果选择了"PIXEL/PIXEL"选项，则用松下DC-S5M2相机2400万像素传感器中符合"录制质量"菜单中所设分辨率的那一部分像素来成像，比如选择了全高清1920×1080录制质量，换算的像素是207万，就使用相机的207万像素来拍摄，相当于只用了非常小的局部，出来的画面就相当于很大的放大效果，同样的道理，如果选择其他分辨率选项，也能获得不同的放大效果，此选项对于拍摄比较远的场景时非常有用。右侧图为选择全高清1920×1080录制质量时的画面效果示例。

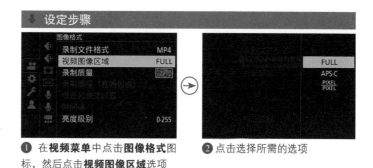

❶ 在**视频菜单**中点击**图像格式**图标，然后点击**视频图像区域**选项

❷ 点击选择所需的选项

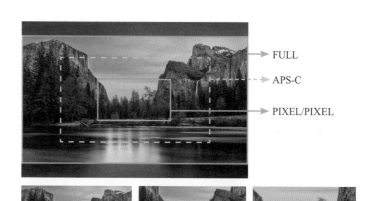

FULL
APS-C
PIXEL/PIXEL

▲ FULL视频图像区域录制画面效果　▲ APS-C视频图像区域录制画面效果　▲ PIXEL/PIXEL视频图像区域录制画面效果

设置视频自动对焦相关参数

设置拍摄视频时的对焦模式

在拍摄视频时，可以通过屏幕触控操作完成对焦相关操作。与拍摄照片一样，在拍摄视频时同样可以使用以下三种对焦模式，切换方法参见前面章节讲解。

● 单次自动对焦模式（AFS）：如果被拍摄对象与相机均不会移动，例如风景或座谈场景，可以使用这种对焦模式。此时要注意的是，如果开启了面部、眼睛识别功能，相机会自动切换到连续自动对焦模式。

● 连续自动对焦模式（AFC）：如果拍摄的是运动对象，或者相机处于运动过程中，则需要使用这种对焦模式。操作中要配合使用"AF自定义设置（视频）"菜单，才能获得更理想的效果。

● 手动对焦模式（MF）：如果拍摄的对象难以对焦，可以尝试使用手动对焦模式，在拍摄常规视频时这种模式使用得较少，但在电影及高质量视频的拍摄中，这种对焦模式反而是最常用的。

设置拍摄视频时的对焦区域模式

在拍摄视频时同样可以按下 田 按钮选择对焦区域模式，在 AFC 对焦模式下，除了区域（水平 / 垂直）和精确定点模式外，其他五种模式都可以用，并且可以检测画面中的人体进行对焦。

▶ 设定方法

按 田 按钮显示对焦区域模式选择界面，按◀、▶方向键或按 田 按钮选择对焦模式，然后按下 MENU/OK按钮确认

▲ 追踪（人体检测）

▲ 全域（人体检测）

▲ 区域（人体检测）

▲ 一点 +（人体检测）

▲ 一点（人体检测）

连续自动对焦追踪灵敏度

在使用了连续自动对焦模式的情况下，可以在"AF自定义设置（视频）"菜单中设置对焦速度和对焦追踪灵敏度。

● AF速度：用户可以在"慢（−5）"和"快（+5）"之间选择自动对焦速度。当使用较低的数值时，获得对焦的速度就比较慢，画面主体慢慢由虚变实，犹如电影变焦效果，视觉效果比较令人舒适。而当使用较高的数值时，主体对焦速度很快，因此画面的虚实感切换得也较快，有时会显得比较突兀，所以此选项要根据拍摄的内容、表现的情绪与节奏来选择。

● AF追踪灵敏度：偏向响应端，可以使相机在追踪覆盖自动对焦点的被摄对象时更敏感。设置的数值越高，对焦越敏感，那么当被摄对象偏离自动对焦点或者有障碍物从自动对焦点面前经过时，自动对焦点会对

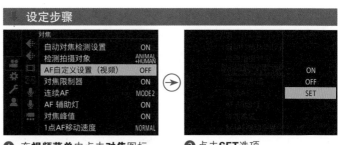

❶ 在**视频菜单**中点击**对焦**图标，然后点击**AF自定义设置（视频）**选项

❷ 点击**SET**选项

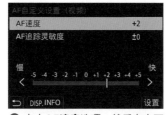

❶ 点击**AF速度**选项，然后点击下方的◀或▶图标设定不同的灵敏度数值

❷ 点击**AF追踪灵敏度**选项，然后点击下方的◀或▶图标设定不同的灵敏度数值

焦其他物体或障碍物，适用于想要持续追踪与相机之间的距离发生变化的运动被摄对象，或者要快速对焦其他被摄对象的录制场景。偏向锁定端，可以使相机在自动对焦点丢失原始被摄对象的情况下，也不太可能追踪到其他被摄对象。设置的负数值越低，相机追踪其他被摄对象的概率越小。这样的设置，可以在摇摄期间或有障碍物经过自动对焦点时，防止自动对焦点立即追踪非被摄对象的其他物体。

设置连续对焦

此菜单用于设置在录制视频时，是否要进行连续对焦。

选择"MODE1"选项，相机仅在拍摄过程中连续自动对焦。选择"MODE2"选项，在拍摄待机和拍摄过程中，相机会自动连续地对被摄物体对焦，不

❶ 在**视频菜单**中点击**对焦**图标，然后点击**连续AF**选项

❷ 点击选择所需选项

过仅在₀M和S&Q模式下可用。选择"OFF"选项，相机会保持拍摄开始时所选的对焦点。

设置录音参数并监听现场音

设置录音电平

无论是内录还是外录，在录制视频时都要注意调整录音电平，在"录音电平设置"菜单中，用户可以手动调整录音音量，可以将录音音量的电平在—18dB ~ +12dB 之间调节；选择"MUTE"选项，将不会记录声音，屏幕上将显示🎤图标。

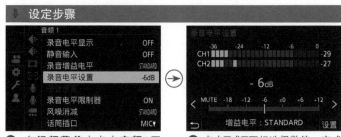

❶ 在**视频菜单**中点击**音频1**图标，然后点击**录音电平设置**选项

❷ 点击◀或▶图标选择数值，完成后点击 设置 图标

设置录音增益电平

在此菜单中设置音频输入增益，选择"STANDARD"选项，为 0 dB 标准电平输入增益，选择"LOW"选项，降低音频输入效果，为 -12 dB，以便在喧闹的环境中拍摄。

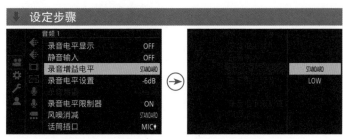

❶ 在**视频菜单**中点击**音频1**图标，然后点击**录音增益电平**选项

❷ 点击选择所需的选项

录音电平限制器

将"录音电平限制器"设为"ON"选项，相机可以自动调整录音音量，将声音失真（破裂音）的情况控制到最低限度。

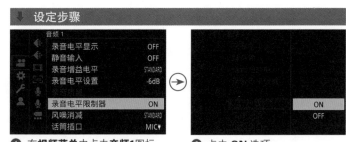

❶ 在**视频菜单**中点击**音频1**图标，然后点击**录音电平限制器**选项

❷ 点击 **ON** 选项

降低风噪

"风噪消减"菜单可以让相机在保持音质的同时减轻进入内置麦克风的风噪声。

选择"HIGH"选项，相机在检测出强风时，会降低低音有效地减轻风噪声。选择"STANDARD"选项，仅消除风噪声，这会减轻风噪声，而不损失音质，选择"OFF"选项，可关闭此功能，但在录制视频时，风噪声可能也录进视频中。

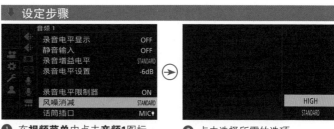

❶ 在**视频菜单**中点击**音频1**图标，然后点击**风噪消减**选项

❷ 点击选择所需的选项

监听视频声音

在录制保留现场声音的视频时，监听视频声音非常重要，而且这种监听需要持续整个录制过程。

因为在使用收音设备时，有可能因为没有更换电池，或者其他未知因素，导致现场声音没有被录入视频。

有时现场可能会有很低的噪声，确认这种声音是否会被录入视频的方式就是在录制时一直要监听。

通过将配备有 3.5mm 直径微型插头的耳机连接到相机的耳机端子上，即可在拍摄短片期间听到声音。此外可以利用菜单来控制声音的输出方式和耳机的声音。

❶ 在**视频菜单**中点击**音频2**图标，然后点击**声音输出**选项

❷ 点击 **REALTIME** 选项，可以实时输出声音，选择 **REC SOUND** 选项，输出声音可能会迟于实际声音

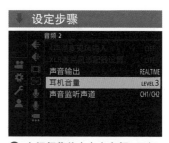

❶ 在**视频菜单**中点击**音频2**图标，然后点击**耳机音量**选项

❷ 点击△或▽图标设置音量

▲ 耳机插孔

设置视频拍摄辅助参数

闪烁减少拍摄

如果在以高频率闪烁的光源下拍摄，视频有可能会看到滚动的条纹。

使用"闪烁减少（视频）"菜单，可以选择适合高频率闪烁的快门速度拍摄视频，从而最大限度地减少闪烁对视频的影响。

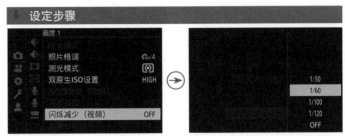

❶ 在**视频菜单**中点击**画质1**图标，然后点击**闪烁减少（视频）**选项

❷ 点击选择所需的快门速度选项

定时自拍视频

与拍摄照片时设置"自拍"一样，在拍摄视频模式下，松下DC-S5M2相机也支持自拍。

在"自拍定时器设置"菜单中设定好自拍定时时间及启用"视频自拍定时器"功能后，摄影师一个人也能完成视频拍摄。

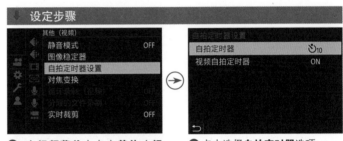

❶ 在**视频菜单**中点击**其他（视频）**图标，然后点击**自拍定时器设置**选项

❷ 点击选择**自拍定时器**选项

❶ 点击选择所需的时间选项，或点击**SET**选项，自定义设置时间

❷ 若在步骤❷中选择了**视频自拍定时器**选项，点击**ON**选项

灵活运用相机的防抖功能

松下DC-S5M2相机具备机内图像稳定器，即便使用不带防抖功能的镜头，也能减少相机抖动造成的模糊。

当安装有防抖功能的Panasonic镜头时，可以通过镜头防抖和机身防抖的协同控制更加有效地减少模糊。此外，还可以利用协同控制和电子防抖相结合，最大限度地降低行走拍摄所造成的相机抖动模糊。

高手点拨：视频菜单中的"图像稳定器"与照片菜单中的"图像稳定器"功能，选项相同，在此不再详解，详细讲解查看第三章内容。

▲ 在**视频菜单**中点击**其他（视频）**图标，然后点击**图像稳定器**选项

利用斑纹定位过亮或过暗区域

拍摄照片时可以使用闪烁高亮提示曝光区域，而拍摄视频时可以使用斑纹功能帮助用户查看画面曝光效果。通过"斑纹样式"菜单，用户可以指定在什么亮度级别的图像区域上方或周围显示斑纹图案，从而精确定位过暗或过亮的区域。

例如，为了避免过曝，将斑纹的级别设置为95%，这样当曝光参数或光线导致画面出现过曝区域时，则对应的部位就会显示斑纹，此时，就需要调整曝光参数以降低曝光。

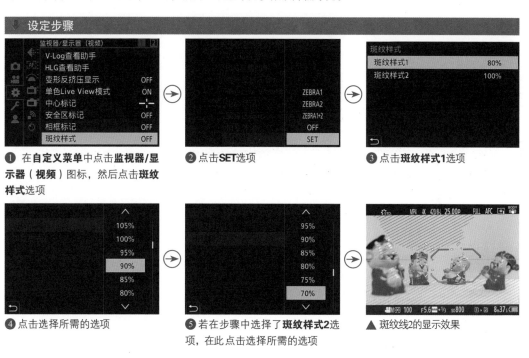

设定步骤

❶ 在**自定义菜单**中点击**监视器/显示器（视频）**图标，然后点击**斑纹样式**选项

❷ 点击**SET**选项

❸ 点击**斑纹样式1**选项

❹ 点击选择所需的选项

❺ 若在步骤中选择了**斑纹样式2**选项，在此点击选择所需的选项

▲ 斑纹线2的显示效果

●ZEBRA1：选择此选项，比标准曝光值明亮的区域显示向左倾斜的条纹。

●ZEBRA2：选择此选项，比标准曝光值明亮的区域显示向右倾斜的条纹。

●ZEBRA1+2：选择此选项，将同时显示两种斑纹线，当两种区域重叠时，将显示重叠的斑纹线。

●OFF：选择此选项，则不启用斑纹线功能。

●SET：可以在50%～105%之间设定斑纹线1或斑纹线2的显示级别，当画面明亮区域超过设定的数值时，画面中即显示斑纹线1或斑纹线2。如果选择了"BASE/RANGE"选项，可以在"基准"选项中在0%～109%范围内设置基准，可在±1%～±10%范围内设置"幅度"，以"基准"中设置的亮度为标准，当亮度范围处于在"幅度"中设置的范围内时，则该区域用斑纹线显示。

WFM/向量显示波

启用此功能后，可以在拍摄视频画面上显示波形或向量示波器，有点类似于直方图功能，可以指示画面中亮度和色彩的变化，用户可以按▲、▼、◄、►方向键更改波形显示的位置，转动后拨盘可以改变大小。

在选择相机上显示波形的情况下，将根据8位、0%~100%换算指示亮度值，各个亮度范围用不同的线条表示，具体指示见下图，在拍摄时通过查看波形中的显示，来了解画面中当前的亮度有没有超出范围。在选择相机上显示波形的情况下，将指示画面中R（红色）、YL（黄色）、G（绿色）、MG（洋红色）、B（蓝色）、CY（青色）的变化，具体指示见下图，能够分析出画面中颜色的分布，线条向某个色彩偏向得越远，表现该色彩的饱和度越高，如果线条向中间点回缩，则代表饱和度越低。

设定步骤

❶ 在**自定义菜单**中点击**监视器/显示器（视频）**图标，然后点击**WFM/向量示波器**选项

❷ 点击**WAVE**或**VECTOR**选项

❸ 当选择了**WAVE**选项时，在此界面可以调整显示波形的位置和大小，然后点击设置图标确认

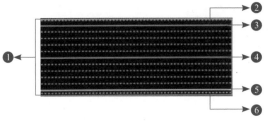

❶ 亮度范围在0%~100%之间，以10%为间隔显示虚线
❷ 亮度值为255（虚线）
❸ 亮度值为235
❹ 亮度为50%
❺ 亮度值为16
❻ 亮度值为0（虚线）

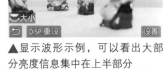

▲ 显示波形示例，可以看出大部分亮度信息集中在上半部分

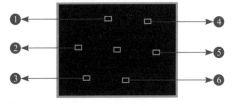

❶ R（红色）
❷ YL（黄色）
❸ G（绿色）
❹ MG（洋红色）
❺ B（蓝色）
❻ CY（青色）

▲ 显示向量示波器示例，在此示例中，线条偏向红色和黄色的点，表示画面中主要色彩是红色和黄色

变形反挤压显示

在电影大片中，经常见到视觉冲击力、感染力都很强的宽画幅画面，以往要实现这种画面效果，需要后期对画面进行一定的裁剪或者压缩，而利用松下 DC-S5M2 相机安装变形镜头拍摄，则可轻松实现此效果。

要进行变形视频拍摄，先要在"录制质量"中选择适合变形录制的选项，需要分辨率超过 C4K、录制帧速率要高于 60.00P，如果"录制格式"设置为"MOV"选项，则需要在"录制质量"菜单中，按下 DISP 按钮按像素数筛选出符合条件的选项，再从筛选出的选项中选择。

在录制变形视频时，通过"变形反挤压显示"菜单选择与镜头变形倍数相同的选项，可以在显示屏上显示解压图像效果和视角，即显示正常比例的视频画面，不过此设置只是为了查看画面效果，并不会解压变形视频，要对变形视频进行解压编辑，需要使用兼容的软件；为了让画面的稳定性更佳，可以在"图像稳定器"菜单的"变形（视频）"中，选择当前变形镜头所适用的图像稳定器模式。

当设置完这些菜单后，按下视频录制按钮即可拍摄，再次按下视频录制按钮便可停止拍摄。

设定步骤

❶ 转动模式转盘选择 ＢM 或 S&Q 模式

❷ 在**录制文件格式**中选择要录制的文件格式

❸ 在**录制质量**中选择符合条件的选项

❹ 在**自定义菜单**中点击**监视器/显示器（视频）**图标，点击**变形反挤压显示**选项

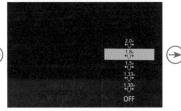

❺ 点击选择所需变形倍数的选项

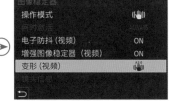

❻ 在**图像稳定器**菜单中点击"变形（视频）"选项

❼ 点击选择所需的选项

循环录制视频

启用"循环录制(视频)"菜单,在录制视频时会持续进行录制,直到存储卡已满,同时将视频分成小段。当存储卡已满后,录制还会继续进行,但同时会删除旧数据。此功能适用于长时间录制的情况下使用,比如直播。此功能对存储卡的读取/写入速度要求比较高,如果存储卡的写入速度不够快,可能会停止录制。

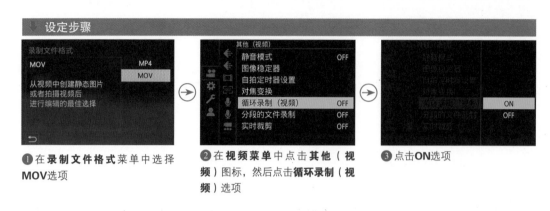

❶在**录制文件格式**菜单中选择**MOV**选项

❷在**视频菜单**中点击**其他(视频)**图标,然后点击**循环录制(视频)**选项

❸点击**ON**选项

分段录制视频

启用"分段的文件录制"功能时,当拍摄一段很长的视频时,比如超过30分钟,为了避免意外断电导致视频丢失,录制视频时将按照此菜单中设置的时间间隔,分段录制视频,比如设置5分钟,当录制时间满5分钟后,会继续录制新的视频。

❶在**录制文件格式**菜单中选择**MOV**选项

❷在**视频菜单**中点击**其他(视频)**图标,然后点击**分段的文件录制**选项

❸点击选择所需的时间选项

录制实时裁剪视频

利用实时裁剪功能，可以从实时取景显示的画面中，裁剪出图像的一部分，如从左到右，或者裁剪中央，从而模拟出相机使用摇臂进行摇摄，或者放大变焦一样的视频画面效果，支持录制 4K 或 FHD 质量、时长为 40 秒或 20 秒的视频。

设定步骤

❶ 转动模式转盘选择⊞M模式，并设置好相关的参数

❷ 在**视频菜单**中点击**其他（视频）**图标，然后点击**实时裁剪**选项

❸ 点击选择录制时间选项

  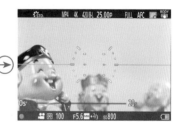

❹ 点击屏幕选择开始剪裁的区域，转动后拨盘可以调整剪裁框大小

❺ 点击屏幕选择结束剪裁的区域，然后点击 设置 图标确认

❻ 按下视频录制按钮，则可开始录制视频，经过设置的录制时间后，录制会自动结束

▲ 录制效果示例

高手点拨： 在实时裁剪模式下，对焦区域模式会自动切换到全域模式，并且会启用自动检测功能，检测画面中的面部和眼睛，用户无法指定要对焦的面部或眼睛；测光模式固定为多点测光；"视频图像区域"固定为FULL画幅，不过，当在"录制质量"菜单中设置了59.94P或50.00P的选项时，固定为APS-C画幅；在按下视频录制按钮前，对剪裁框内的画面进行测光和对焦，如果要锁定对焦点，可以将"连续AF"菜单设置为"OFF"，或者使用MF手动对焦模式。

录制对焦变换视频

　　对焦变化功能可由摄影师设置几个不同的对焦点，然后按顺序进行变换，在拍摄有多个人物或多个产品的视频画面时，利用此功能设置好焦点，在拍摄时就能在不同人物或产品间非常顺滑地切换拍摄，并且还不会录制到像普通拍摄时操作相机的声音。

　　在"对焦变换"菜单中，首先提示选择三个对焦点，在对焦点选择界面，可以按▲、▼、◀、▶方向键选择对焦点的位置，然后按下屏幕上提示的相应按钮，也可以点击显示屏上的 POS1~POS3 图标，触摸目标位置来设定对焦点位置，接着设置好"对焦变换速度""对焦变换拍摄""对焦变换等待"选项，进入拍摄界面，按下视频录制按钮，即可按设定好的对焦点位置和顺序切换焦点录制视频。

设定步骤

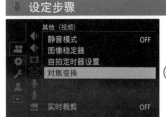

❶ 在**视频菜单**中点击**其他（视频）**图标，然后点击**对焦变换**选项

❷ 提示选择对焦点并出现此界面，选择对焦点1的位置并执行对焦操作，然后按下WB按钮确认

❸ 选择对焦点2的位置并执行对焦操作，然后按下ISO按钮确认

❹ 选择对焦点3的位置并执行合焦操作，然后按下曝光补偿按钮确认

❺ 点击选择**对焦变换速度**选项

❻ 点击选择所需的对焦变换速度

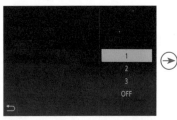

❼ 若在步骤❺中选择了**对焦变换拍摄**选项，在此选择开始时的焦点过渡

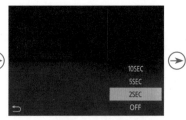

❽ 若在步骤❺中选择了**对焦变等待**选项，在此选择焦点与焦点切换等待时间

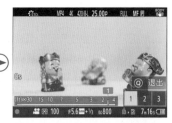

❾ 进入拍摄界面，按下视频录制按钮开始录制，点击屏幕上的1、2、3将进行对焦变换拍摄

利用定时拍摄生成延时视频

定时拍摄功能，即相机每隔一定的时间拍摄一张照片，最终形成一组照片，在回放菜单的"定时视频"菜单中利用这些照片生成的视频，能够呈现电视上经常看到的花朵开放、城市变迁、风起云涌等效果。例如，一朵花的开放周期约为三天三夜共72小时，但如果每半小时拍摄一个画面，按顺序记录开花的过程，需拍摄144张照片。当把这些照片生成视频并以正常帧频率放映时（每秒24幅），在6秒内即可重现花朵三天三夜的开放过程，给人以强烈的视觉震撼。

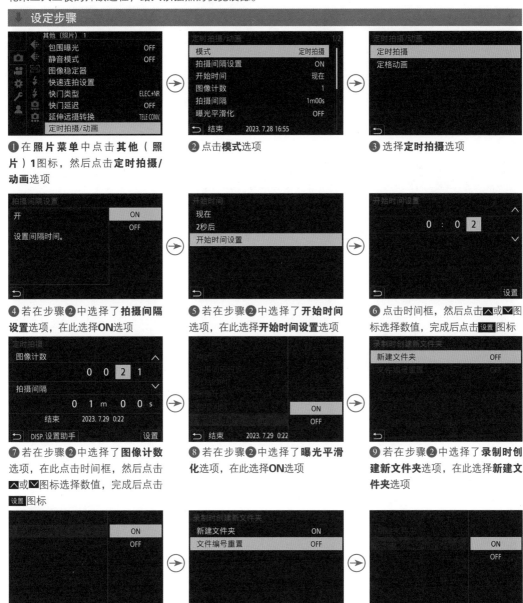

设定步骤

❶ 在**照片菜单**中点击**其他（照片）1**图标，然后点击**定时拍摄/动画**选项

❷ 点击**模式**选项

❸ 选择**定时拍摄**选项

❹ 若在步骤❷中选择了**拍摄间隔设置**选项，在此选择ON选项

❺ 若在步骤❷中选择了**开始时间**选项，在此选择**开始时间设置**选项

❻ 点击时间框，然后点击▲或▼图标选择数值，完成后点击设置图标

❼ 若在步骤❷中选择了**图像计数**选项，在此点击时间框，然后点击▲或▼图标选择数值，完成后点击设置图标

❽ 若在步骤❷中选择了**曝光平滑化**选项，在此选择ON选项

❾ 若在步骤❷中选择了**录制时创建新文件夹**选项，在此选择**新建文件夹**选项

❿ 点击ON选项

⓫ 若在步骤❾中选择了**文件编辑重置**选项

⓬ 点击ON选项

利用定格动画生成定格视频

短视频平台上那种制作步骤一步步动起来的美食视频，就是定格动画的典型应用，利用松下 DC-S5M2 相机的定时拍摄 / 定格动画驱动模式和"定格动画"功能，可以轻松制作出定格人物动作或物体位置的视频。

当设置好"定格动画"功能进入拍摄时，拍摄的前一张照片可以在画面中呈现为半透明状态，因此拍摄者可以根据前一张照片的位置，来安排下一个动作的位置，这便极大地方便了拍摄者安排动作画面的效率。

设定步骤

❶ 在**照片菜单**中点击**其他（照片）1**图标，然后点击**定时拍摄/动画**选项

❷ 点击**模式**选项

❸ 点击**定格动画**选项

❹ 若选择**添加至图像组**选项，用户可以在已拍的一组定格图像上继续拍摄，选择好图像后进入拍摄界面，按下快门拍摄即可

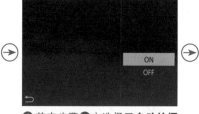

❺ 若在步骤❹中选择了**自动拍摄**选项，在此点击**ON**选项，可以以设置的拍摄间隔自动进行拍摄

❻ 若在步骤❹中选择了**拍摄间隔**选项，在此设置自动拍摄的间隔时间，设置完成后点击 设置 图标确认

❼ 进入到拍摄界面，此时右下角会显示相关的参数，可以在此界面中选择对焦点的位置并执行对焦操作

❽ 相机会按设置的间隔时间自动拍摄，在此界面中可以看出，当物体变化位置时，前一次拍摄的图像会显示为半透明状态，方便拍摄者了解位置变化情况

❾ 当拍摄完成后，在此画面上选择"是"。

❿ 在合成视频界面中可以设置录制质量、帧率和顺序，选择**执行**选项将创建定格动画视频

录制快和慢动作视频

让视频短片的视觉效果更丰富的方法之一，就是调整视频的播放速度，使其加速或减速，呈现快放或慢动作效果。

加速视频播放的方法很简单，通过后期处理将1分钟的视频压缩在10秒内播放完毕即可，也可以通过松下DC-S5M2相机的"慢速和快速设置"菜单选择较慢的帧率拍摄出快动作视频。

而要获得高质量的慢动作视频效果，则需要在前期录制出高帧频视频。例如，在默认情况下，如果以25帧/秒的帧频录制视频，1秒只能录制25帧画面，回放时也是1秒。

但如果以100帧/秒的帧频录制视频，1秒录制100帧画面，当以常规25帧/秒的速度播放视频

时，1秒内录制的视频则在播放时延续4秒，呈现出电影中常见的慢动作效果。

这种视频效果特别适合表现那些重要的瞬间或高速运动的拍摄题材，如飞溅的浪花、腾空的摩托车、起飞的鸟儿等。

在"慢速和快速设置"菜单中，在C4K/4K视频录制质量下，最高可以选择60fps，在FHD视频录制质量下，最高可以选择180 fps，使相机能够以高帧频拍摄视频，在回放视频时，最高可以获得7.5倍慢动作视频效果。

在人工光源环境下录制时，如果画面有频闪，可尝试将快门速度调整为100帧/秒，或者将光源换成直流电光源。

设定步骤

❶ 旋转模式拨盘选择S&Q模式

❷ 在**录制质量**菜单中选择显示慢速和快速可用的选项

❸ 在**视频菜单**中点击**图像格式**图标，然后点击**慢速和快速设置**选项

慢速和快速设置
帧率：60 fps
效果：2.4倍慢速
拍摄帧率：25.00

‹ 15 30 60 ›

设置

❹ 点击◀或▶图标选择帧率数值，完成后点击 设置 图标确认

右表为"系统频率"菜单设置为"59.94Hz（NTSC）"选项时，帧率组合和回放速度。

帧率	C4K/29.97p 4K/29.97p	C4K/23.98p 4K/23.98p	FHD/ 59.94p	FHD/ 29.97p	FHD/ 23.98p
1 fps	30×快	24×快	60×快	30×快	24×快
2 fps	15×快	12×快	30×快	15×快	12×快
5 fps	6×快	4.8×快	12×快	6×快	4.8×快
10 fps	3×快	2.4×快	6×快	3×快	2.4×快
15 fps	2×快	1.6×快	4×快	2×快	1.6×快
30 fps	1×正常	1.25×慢	2×快	1×正常	1.25×慢
60 fps	2×慢	2.5×慢	1×正常	2×慢	2.5×慢
100 fps	–	–	1.67×慢	3.33×慢	4.17×慢
120 fps	–	–	2×慢	4×慢	5×慢
150fps	–	–	2.5×慢	5×慢	6.25×慢
180 fps	–	–	3×慢	6×慢	7.5×慢

录制HLG视频短片

HLG 视频适用于高反差场景，能够较好地保留场景中的高光与阴影中的细节。当 HLG 视频输出到兼容的显示器时，能够表现出比普通视频更高的亮度、更丰富的色彩和画面层次。

HLG 短片几乎无须调色，后期可以套用照片格调，简单地完成颜色调整，且 HLG 短片具备 10 位的颜色信息。不过由于 HLG 的工作模式是多帧进行合并以创建 HLG 视频，所以视频的某些部分可能会出现失真现象。为了减少这种失真现象发生，推荐使用三脚架稳定相机拍摄。

松下 DC-S5M2 相机的显示屏和取景器不支持显示 HLG 视频图像效果，画面看起来会较暗，可以设置"HLG 查看助手"菜单中的"显示屏"选项，在松下 DC-S5M2 相机的显示屏或取景器中显示已转换效果后的画面。

设定步骤

❶ 旋转模式拨盘设置为M或S&Q模式

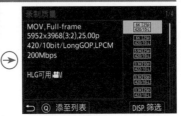

❷ 在**录制质量**菜单中选择显示HLG可用的选项

❸ 在**视频菜单**中点击**画质1**图标，然后点击**照片格调**选项

❹ 选择**Like2100(HLG)**或**Like2100(HLG) 全范围**选项

设定步骤

❶ 在**自定义菜单**中点击**监视器/显示屏（视频）**图标，然后点击**HLG查看助手**选项

❷ 点击**显示屏**选项

❸ 点击**MODE1**或**MODE2**选项

● MODE1：选择此选项，重点对天空等明亮区域进行转换，拍摄画面上会显示 MODE1 图标。

● MODE2：选择此选项，重点对主被摄体的亮度进行转换，拍摄画面上会显示 MODE2。

● OFF：选择此选项，在不转换色域和亮度的情况下显示。

高手点拨：如果选择"MOV"文件格式，那么"录制质量"菜单中的所有选项均支持录制HLG视频；如果选择"MP4"文件格式，当"系统频率"设置为"59.94Hz（NTSC）"选项时，支持录制4K/10bit/100M/60P、4K/10bit/72M/30P、4K/10bit/72M/24P质量的HLG视频，当"系统频率"设置为"59.94Hz（NTSC）"选项时，支持录制4K/10bit/100M/50P和4K/10bit/72M/25P质量的HLG视频。

录制 LUT 视频

在录制完视频后，通常会在后期对视频画面进行各种各样的风格化调色，比如青橙色调、小清新色调等，而利用松下 DC-S5M2 相机录制视频时，可以在拍摄时就给视频画面应用上各种色调，操作上先在"LUT 库"菜单中选择所需色调的 LUT 文件（载入 LUT 文件具体操作见第 2 章讲解），然后在"照片格调"中选择"实时 LUT"照片格调，选择相应的 LUT 文件，并根据拍摄需要设置好清晰度和降噪，最后按照录制视频的步骤录制即可。

设定步骤

❶ 在**自定义菜单**中点击**画质**图标，然后点击**LUT库**选项

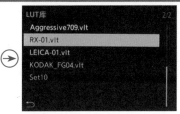

❷ 选择所需的**LUT文件**

❸ 切换到**视频菜单**中点击**画质1**图标，然后点击**照片格调**选项

❹ 点击上方的◀或▶图标选择**实时LUT**选项，然后点击 ⊞ LUT选择 图标

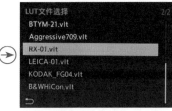

❺ 点击第❷步选择的**LUT文件**

❻ 可在此界面中设置清晰度和降噪选项

❼ 设置降噪参数示例

❽ 菜单设置完成后返回录制界面，按下视频录制按钮即可开始录制

❾ 录制中，显示屏可以显示应用后的画面色彩

录制 Log 视频

在大光比拍摄场景下录制视频时，采用普通录制视频的方式所录制出来的画面，往往高光区域特别亮，而阴影区域又特别地暗，针对这种拍摄情况，各大品牌相机的应对方法都是应用 Log 录制视频，松下 DC-S5M2 相机也不例外，在"照片格调"菜单中提供了 V-Log 模式，选择该模式后再录制视频，录制出的视频画面会变得特别灰，它会把高光部分压暗，阴影部分提升，画面的层次会比较丰富，但画面的对比会比较弱，这样的视频画面便为后期处理留下了丰富的空间。

偏灰的画面在相机上看起来不符合人眼的视觉感，可以配合"V-Log 查看助手"菜单，使相机在显示 V-Log 视频画面时，模拟出最终的应用色彩，让观者看起来更舒服。

设定步骤

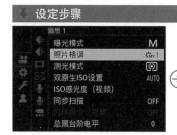

❶ 在**视频菜单**中点击**画质1**图标，然后点击**照片格调**选项

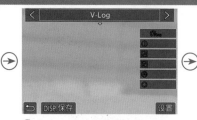

❷ 点击上方的◀或▶图标选择 **V-Log**选项，然后点击设置图标

❸ 返回到录制界面，按下视频录制按钮开始录制即可

设定步骤

❶ 在**自定义菜单**中点击**监视器/显示屏（视频）**图标，然后点击 **V-Log查看助手**选项

❷ 点击**LUT选择**选项

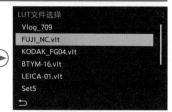

❸ 点击选择要显示的LUT文件

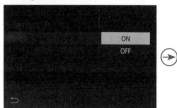

❹ 若在步骤❷中选择了**LUT查看助手（监视器）**选项，在此可以点击**ON**或**OFF**选项

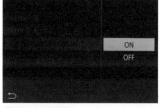

❺ 若在步骤❷中选择了**LUT查看助手（HDMI）**选项，在此可以点击**ON**或**OFF**选项

● LUT 选择：从预设（Vlog_709）或在"LUT库"菜单中注册的LUT文件中选择要应用的LUT文件。

● LUT 查看助手（监视器）：选择"ON"选项，可以在相机的显示屏或取景器上显示应用LUT文件后的画面效果。

● LUT 查看助手（HDMI）：选择"ON"选项，可以对通过HDMI输出的画面应用LUT文件效果。

第11章

口播、美食、Vlog等常见
视频类型实战拍摄方法

了解固定机位拍摄视频

顾名思义，固定机位拍摄视频是指在拍摄视频时，无论是使用一台还是多台相机，这些相机的位置均固定不动。

这种拍摄方式对拍摄技术要求不高，如果是在室内，只要设置好相机、灯光，便可以一直使用一组参数长期拍摄不同的内容，因此，创作者初期如果不太懂相机参数设置及灯光布置，可以由有经验的摄影师设置好以后直接使用，边拍摄边学习。

虽然，从操作方式上看，固定机位拍摄视频不太灵活，但实际上，许多在网上爆火的视频都是使用这种方式拍摄的。

使用固定机位拍摄口播视频技术要点

口播类视频的重点是内容，而不是形式。对拍摄场地要求低，对拍摄技术及设备要求也不高，因此许多视频创作者都是从拍摄口播类视频进入视频创作领域。

无论是使用三脚架还是其他类型的稳定设置，只需要确保相机稳定、灯光明亮，即可开始录制视频。

对于初学者刚开始录制时，可以参考使用快门速度 1/60 秒、ISO 100、F4 这一组拍摄参数。

根据当前场景的明亮程度有可能需要提高 ISO，在光线稍暗的场景下，有时 ISO 可能会达到 1500 左右。虽然，此时视频画面会有一点噪点，但由于视频画面是动态的，因此，整体观感尚可。

根据背景需要的虚化程度，光圈数值可能会在 F1.8 ~ F8 之间改变，此时要注意调整 ISO 数值，以平衡整体曝光。

由于口播视频通常在室内录制，在光线恒定的情况下，白平衡选择自动即可。

在对焦设置方面，如果口播者前后晃动幅度不大，在光圈处于 F8 左右时，可以使用手动对焦。如果光圈较大，且口播者有前后明显晃动或走动，要在拍摄视频状态下开启自动对焦，并选择识别"人物"模式，以确保相机能够实时跟踪主播的面部。

使用固定机位拍摄美食

用固定机位拍摄美食的流程

许多新手在拍摄美食视频时，不知道如何构思整个拍摄流程及镜头。其实，拍摄美食完全可以依据制作美食的三个阶段来规划拍摄流程。

介绍

即介绍视频要制作的美食的特点及大致制作流程、注意要点。拍摄时将相机架设在厨师的对面，使用广角或远距离，表现整个场景及厨师的面貌特征。

切配

饮食行业称为食材细加工，"切"，就是用各种刀法，把原料加工成烹调需要的各种形态。"配"，就是把加工好的原料，按菜肴需要，搭配在一起。

在表现这个过程时，可以使用长焦镜头或将相机架设在距离菜品切配区较近的位置，以表现操作的细节。

拍摄时要注意更换细微的景别及角度，避免视角过于固定、单调，以丰富视频画面。

除了将相机架设在厨师的对面外，还可以将相机架设在厨师身后，以过肩的镜头向下俯视拍摄切配操作，从而模拟第一视角，增强观众在观看视频时的沉浸感与代入感。

在以此角度拍摄视频时，也可以考虑使用本书前面介绍过的运动相机，最后将其与相机拍摄的视频剪辑在一起。

烹饪

在这个过程中，厨师要展示翻炒、调味的操作方法，通常使用两种机位来表现。

第一种仍然是将相机架设的厨师对面或侧面，以长焦特写表现厨师在灶台上的操作。

第二种是将相机架设在灶台外侧，以俯视角度拍摄。但在拍摄时镜头容易起雾，因此这种角度更适合油烟少的西餐。

装盘

起锅装盘这个过程虽然简单，但很有仪式感，许多食物在锅的形态完全谈不上美观，但如果盛在光洁的餐盘中，并以整洁的桌布为背景，则整个画面的美感会成倍增加。

用固定机位拍摄美食的灯光要点

使用相机拍摄美食时，灯光是一个很重要的要素，一定要通过补光或提高原有灯光照度的方式，使制作美食的场景看上去明亮干净，同时能够更好地还原食材原本的色泽。

如果在拍摄时使用了较大功率的补光灯，建议关闭室内原有的灯光，以避免相机的白平衡还原失误。

如果是家居类美食创作者，可以视拍摄场景的面积使用一支功率为300W左右的补光灯。如果是美食直播间，至少需要三支补光灯，两支在主播四点、九点方向，一支在顶部。

用固定机位拍摄美食的参数设置

在光线充足的情况下，用相机拍摄美食建议使用以下参数。

如果在一个较小的场景内拍摄，视频画面也较为简单，此时即便设置较大的光圈，视频画面的景深也仍然能够满足展现所有细节，就可以将光圈设置为F4左右，否则可以将光圈设小一些，以获得较大的景深。

如果场景较开阔，要获得类似"舌尖上的中国"的浅景深效果，则需要将光圈设置得稍大一些。

感光度要设置在视频画面曝光正常情况下的最低档位。

快门速度根据帧率进行设置，设置方法与思路在第8章节有详细讲解。

白平衡可以选择自动，如果预览视频画面感觉色彩还原不十分准确，可以使用手动设置色温或手动自定义白平衡。

让视频画面更丰富的小技巧

在录制美食视频时，可以拍摄几个水花溅起、葱花散开、油开冒泡、面粉洒落的慢动作片段，从而使视频画面更丰富。

拍摄慢动作视频的操作方法，在本书前文有详细讲解，可参考学习。注意在拍摄慢动作视频时无法录制声音，因此在后期剪辑时要配音。

用固定机位拍摄美食时录音要点

拍摄美食类视频时，录音是一个非常重要的工作，因为在制作美食时，必然会要有切菜、油煎等过程，在这个过程中，真实的声音有助于提高视频的现场感。

拍摄美食视频时，通常采用同期录音及后期配音两种方式。

同期录音是指用本书前文所提到的各类录音设备，录制制作美食时的声音，比较常用的是枪式指向性麦克风，这种麦克风有一定录音距离，可以避免出现在视频画面，但录制时还是要尽量靠近发声源。如果还需要同期录制人的声音，可以使用无线领夹麦克风。

如果录制的是讲解细致的教学式美食视频，或环境较为嘈杂，可以使用后期配音的方式，先录制视频，在后期制作时添加人声及做菜时的音效。

如果长期拍摄美食视频，建议录制或购买一套专门针对美食领域的音效库。

用固定机位拍摄美食时特写镜头运用要点

"最高端的食材往往只需要最朴素的烹饪方式"这句知名的文案，由于《舌尖上的中国》的成功而在美食视频制作领域广泛流传。

《舌尖上的中国》之所以成功有多方面因素，但从摄影及视频制作角度来看，其成功离不开创新的镜头表现手法，其中最典型的就是《舌尖上的中国》里使用了大量高清、特写、浅景深镜头。

这样的镜头放大了食物的质感，凸显了食物本身的色泽质感，刻画出了美食的细节，给人一种强烈的代入感、沉浸感。

这些特写镜头，在早期基本上都是由佳能 5D Mark II 配合大光圈长焦镜头拍摄的。

《舌尖上的中国》给美食视频创作者的启示，不仅是要善于、敢于使用近景、特写、浅景深镜头，最好在视频中形成个性化的镜头语言风格，这样才能够从众多美食视频中脱颖而出。

另外，《舌尖上的中国》的文案及背景音乐，也是值得学习与借鉴的地方。

用固定机位拍摄多镜头 Vlog 视频

拍摄 Vlog 视频的第一步——定主题

与美食类视频不同，Vlog 视频是一种视频表现形式，并不是主题，因此，在拍摄之前一定要确定整条视频的主题，例如，可以是一个网红公园的打卡过程、一个手办的制作过程、一次旅游的过程、一个美食从采购原材料到出锅的过程，甚至可以是一次逛商场的过程。

Vlog 视频对于观众的意义大多属于了解另一种生活方式，例如，城市白领可以通过观看"张同学"的视频了解东北农村的生活原生态，可以通过观看"李子柒"的视频了解如何制作美食，可以通过观看"手工耿"的视频了解如何制作一件"没有用"的"科技发明"。综上，视频创作者要去做别人一直都想做的事，去过别人一直想过的生活，然后将其记录下来。

Vlog 视频除了主题要鲜明外，内容还要有新意，在此基础上再辅以悦耳的背景音乐、流畅的视频节奏或酷炫的运镜才能够让观众有看完的动力。

所以，从制作一条 Vlog 视频的角度来看，可以大体分为主题及脚本策划、拍摄、后期剪辑，在这个过程中拍摄可能是最简单但却最繁琐的步骤。

拍摄 Vlog 视频的第二步——写脚本

确定拍摄主题后，就要进入脚本写作环节，这个环节对于简单的 Vlog 并不是必需的，但对于新手或要拍摄的是一个时间跨度、地域跨度较大，或有多人参与的视频，则一定要撰写详细的脚本，只有这样在后期剪辑合成视频时，才不会陷入"巧妇难为无米之炊"的窘境。

关于脚本创作的方法与在本书第 7 章有详细讲解，可以参考学习。

拍摄 Vlog 视频的第三步——找音乐

一个好看的 Vlog 通常都有悦耳并合拍的背景音乐，此时背景音乐的作用不仅仅是提升观赏性，更重要的作用是统合整个视频的节奏。

要明白这一点，只需要看近几年在抖音上火爆的卡点短视频即可，当到达音乐卡点位置时，观众的潜在心理是希望画面跟随音乐一齐变化的，否则就有一种协调的感觉。

因此，在确定主题、写好脚本之后，一定要精心找到几首跟视频主题调性相匹配的背景音乐，具体选择几首取决于视频的长度。

拍摄 Vlog 视频的第四步——拍素材

进入到拍视频素材的阶段后，只需要按脚本安排场景、架设相机进行拍摄即可。

在本书的第 7 章曾经分析过火爆的"张同学"的一条视频，从分镜脚本中可以看出来，在安排好景别、机位的情况下，只要确保视频的曝光正常、对焦准确，就能顺利完成拍摄。

这个拍摄过程运用的还是前面学习过的曝光、对焦、构图、用光等知识。

在拍摄过程中，要注意拍摄一些空镜头，用于充当视频的"留白"，也可以用于充当视频的开场或结束画面。

如果需要还可以运用前面学习过的延时视频及慢动作视频的拍摄手法，拍摄一些视频素材，从而丰富视频的画面效果。

拍摄视频素材时一定要秉承宁多勿少的原则，尽可能多地拍摄素材。

对于重要的场景，一定要试录，并回放视频以检查曝光、收音、焦点、构图等要素。

拍摄 Vlog 视频的第五步——剪辑

这一部分并非本书重点，但对于每个创作者来说都格外重要，除非是以团队形式拍摄视频，否则创作者通常不能指望将自己拍摄的一堆素材，外包给他人剪辑出符合自己期望的视频。

创作新手可从学习剪映开始，对于要求不太高的视频来说，此软件足以胜任。

运动机位拍摄视频技术与难点

什么是运动机位

使用运动机位拍摄视频是指在拍摄视频时，利用稳定器、摇臂或电动滑轨等设备移动相机的视频拍摄方法。换言之，在拍摄视频的过程中，相机始终处于移动状态。

此时，可以使用本书前面讲过的推、拉、摇、移、甩等多种运镜手法，使视频画面的变化更为丰富。

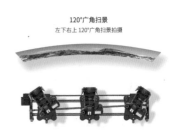

120°广角扫景
左下右上 120°广角扫景拍摄

常用运动机位拍摄的视频

使用运动机位拍摄视频的方法通常应用于以下几种题材。

在拍摄探店、房屋介绍、小区介绍等类型的视频时，通常使用稳定器手持相机，采用推或拉的运镜手法，体现空间感。

在拍摄旅游风光类视频时，通常会使用摇、移、甩等多种运镜手法让视频转场更酷炫。

在拍摄延时视频时，通常使用电动滑轨缓慢移动相机，从而拍出视角缓慢变化的视频。

在拍摄人物纪实、采访类视频时，如果被拍摄的人物处于运动中，要使用稳定器或手持相机，跟随人物同步运动。

运动机位视频拍摄的两个难点

稳定性难点

如果拍摄视频时相机发生运动，创作者首先要确保相机的运动是平滑、稳定的，虽然有些相机内置稳定系统，但效果不理想，还是建议使用手持稳定器。

即便使用了手持稳定器，在拍摄视频时也要保持重心稳定，小步慢走，否则视频仍然有晃动的感觉。

为了避免画面出现轻微的抖动，有些创作者先以 4K 分辨率来拍摄视频，后期通过裁剪、平移等方法来模拟出镜头移动的感觉，但从效果来看，画面动感不如使用稳定器拍摄出来的更真实。

追焦难点

当以运动机位拍摄视频时，由于相机与被拍摄对象同时处于运动状态，因此对焦的难度会加大。

如果相机的对焦系统不够灵敏、强大，有可能导致被拍摄对象失焦。

在拍摄过程中，如果相机与被拍摄对象之间有其他对象经过，也有可能导致被拍摄对象失焦。

如果拍摄场景的光线比较弱，或者主体与背景之间的对比不明显，也有可能导致相机失焦。

拍摄时要注意开启相机在视频拍摄模式下的跟踪对焦功能，并且在拍摄时尽量确保相机与被拍摄对象之间的距离恒定，或者使波动幅度较小，以提高相机跟踪对焦的成功率。

除了使用相机的自动跟踪对焦功能以外，如果对相机操作较为熟练，还可以使用手动对焦的方式来进行跟踪对焦，此时可以采取的方式有以下两种。

第一种是手动旋转相机对焦环来跟踪对焦，适用于拍摄成本不高，被拍摄对象及相机缓慢运动的场景。拍摄时，右手持稳相机，注视相机的液晶显示屏，观察被拍摄对象的焦点变化，左手缓慢旋转相机的对焦环。

第二种是给相机添加跟焦环套装，拍摄时，要一边观察相机液晶显示屏或监视器，一边旋转跟焦环。这样的附件由于成本高、技术要求高，通常只用在剧组或视频团队中。

拍摄时避免丢失焦点的技巧

在拍摄运动的对象时，有时可能无法避免被拍摄对象与相机中间出现遮挡物，此时一定要通过控制"短片伺服自动对焦追踪灵敏度"菜单，以确保焦点不会丢失。

如何拍摄空镜头视频

空镜头的六大作用

空镜头是视频的重要组成部分，在短视频中应用较少，但在中、长视频中被广泛应用，概括起来空镜头有以下 6 大作用。

- 交代时间、地点、环境，如冬季、商场、午后，或者空旷的海边、日出时刻等。
- 过渡转场：利用与主题有关的空镜头可以从一个场景自如地切换到另一个场景，从而串接起两个或多个镜头。
- 给解说词留出时间：对于有旁白的视频，解说词的重要性可能重于视频。当需要长时间解说时，可以用空镜头来留出解说时间。

- 营造气氛、给出隐喻：视频主角难以言表的心情、动作、情绪等，可以借用空镜头来表达。例如，当表现主角悲伤的心情时，可接入一段拍摄萧瑟凋零树木的空镜头画面；又如，当表现主角愤怒的情绪时，可接入一段咆哮的海浪画面。
- 省略时间：一个空镜头在视频中只有几秒的时间，但却可以代替生活中更长的时间，如几年、十几年等。例如，前一个镜头是孩子的面孔，组接一个冬去春天的延时摄影空镜头，下一个镜头便可以是一张成熟的面孔。

- 调节节奏：在内容量较大的视频中加入空镜头，可以缓解观众的视觉疲劳和听觉疲劳。

常见空镜头拍摄内容及拍摄方法

常见空镜头拍摄内容

实际上，空镜头并不存在固定的拍摄内容，所有可拍的对象，从本质上说均可以被拍摄为空镜头。但对新手创作者来说，可能对空镜头的拍摄内容还是有些迷惑，因此笔者在此总结了当前在网络上比较流行的几种空镜头拍摄内容。

- 拍摄蓝天下的绿叶：拍摄时可以手持相机缓慢移动，可以采用固定机位，可以旋转相机，也可以推或拉镜头，这样的空镜头几乎是"万金油"，可以应用在不同类型的视频中。同理，也可以用这种方法拍摄蓝天下的花朵。
- 拍摄穿过树叶缝隙的阳光：这一题材适合逆光拍摄，使阳光在视频画面中产生光晕。同理，也可以拍摄穿过手指缝隙、云层缝隙的阳光。拍摄随风飘动的树叶、花朵：拍摄时可以考虑使用大光圈，以突出唯美的氛围。

● 拍摄车水马龙的街头：拍摄时可以使用延时视频的拍摄手法，以突出城市的快节奏；也可以使用拍摄慢动作的方法，使画面中的某个行人、某辆车缓慢移动，以突出悠闲的情调。

拍摄建筑：无论是古代建筑还是现代建筑，均可以通过合适的移动机位配合运镜手法拍成可用度很高的空镜头。拍摄时，为了增加景深，可在前景找到植物或栏杆形成遮挡及虚化。

其他如咖啡溶解、信鸽飞翔、学生放学、老人蹒跚、风吹落叶、屋檐滴水等也都可以拍成为空镜头，并根据视频的调性分别应用。

常见的空镜头拍摄方法

拍摄空镜头与拍摄主观镜头、客观镜头在技术上并没有区别，但在最终效果最好都是动感的。

● 当拍摄静止的对象时，最好采用移动机位或在固定机位使用可以拍出动感的推、拉、摇、移等运镜手法，从而让画面不显单调。

● 当拍摄运动的对象时，可以采用固定机位进行拍摄，或者进行小范围的移动。

如果拍摄时机位无法移动，并且被拍摄对象也是静止的，可以尝试利用光影的移动来增强画面的动态效果。

如何拍摄绿幕抠像视频

绿幕视频的作用

如果要将人物与另一个场景进行合成，则需要提前拍摄绿幕背景视频。例如，在拍摄带货视频时，可以先拍摄主播讲解画面，再与工厂视频进行合成，或者将主播讲解画面与一个由 3D 软件渲染生成的场景进行合成，或者与计算机界面进行合成。

这也是许多电影常用的合成方式。

拍摄绿幕视频的方法

前期准备

要拍摄绿幕视频，需要在场地、灯光、幕布三个方面分别进行准备。

◉ 场地：主播距离背景幕布最好有 1.5 米的距离，以防止绿色幕布的颜色反射到主播身上。

◉ 灯光：要分别对主播及幕布打光，当给绿幕背景布光的时候，光线越平越好，这样能够确保幕布颜色均匀，没有高光点或者阴影块，以方便后期抠图，常见的方式是在幕布两侧 45° 的位置各放一盏灯。

幕布：根据场地及拍摄时所使用的镜头焦段，以不穿帮、漏背景为最低尺寸要求，幕布要尽量平整，以避免形成明暗不均的区域。

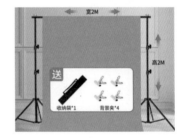

后期合成

完成拍摄后，即可使用剪映及 Premiere、Final cut 等，能够完成抠图并合成视频的剪辑软件进行处理。

以 Premiere 为例，只需使用"视频效果"功能中的"超级键"即可较完美地完成抠像合成任务，如右图所示。

松下 DC-S5M2 与 DC-S5M2X 相机的区别

一、相机按钮差异

松下DC-S5M2与DC-S5M2X相机在外观按钮方面没有区别。

▲ DC-S5M2 相机正面

▲ DC-S5M2X 相机正面

▲ DC-S5M2 相机顶面

▲ DC-S5M2 相机背面

▲ DC-S5M2X 相机背面

▲ DC-S5M2X 相机顶面

二、菜单功能和名称差异

松下 DC-S5M2X 相机支持录制"Apple ProRes"文件格式的视频，使用 Apple ProRes 编解码器进行录制，此文件格式适用于后期编辑。

松下 DC-S5M2X 相机支持录制 5.8K（17∶9）/Full 的视频。

松下 DC-S5M2X 相机除了可以录制 YUV4∶2∶2 或 YUV4∶2∶0、10bit 色深、Long GOP 压缩的 MOV 视频外，还可以录制 YUV4∶2∶2、10bit 色深、ALL-Intra 压缩的 MOV 视频。

松下 DC-S5M2 相机中的"Wi-Fi"菜单功能，在松下 DC-S5M2X 相机中名称为"LAN/Wi-Fi"。

三、性能指标差异

松下 DC-S5M2X 相机支持外录 RAW 视频、支持 ALL-I 800Mbps 录制、支持直接录制到 SSD、有线/无线推流、USB 手机有线连接（安卓），并多了实时图像合成功能（如果将松下 DC-S5M2 相机固件更新到 2.0，也具有此功能）。

获得本书赠品的方法

1. 打开微信，点击"订阅号消息"。

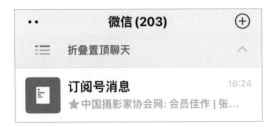

2. 在上方搜索框中输入 FUNPHOTO。

3. 点击"好机友摄影视频拍摄与 AIGC"。

4. 点击绿色"关注公众号"按钮。

5. 点击"发消息"按钮。

6. 点击左下角输入图标。

7. 转换成为输入框状态。

8. 在输入框中输入本书第 43 页最后一个字，然后点右下角"发送"，注意只输入一个字。

9. 打开公众号自动回复的图文链接，按图文链接所述操作。